U0114970

国家出版基金项目
NATIONAL PUBLICATION FOUNDATION

『十三五』国家重点出版物出版规划项目

The Art of
Chinese
Silks

SONG
DYNASTY

中国历代丝绸艺术

宋代

赵　丰 ◎ 总主编

蔡　欣 ◎ 著

浙江大学出版社
ZHEJIANG UNIVERSITY PRESS

教育部人文社会科学研究项目
"辽宋西夏金时期的丝绸技艺研究：以考古实物为中心"（17YJCZH006）资助

浙江理工大学基本科研业务费项目
"宋元染织造物活动中所蕴含的南北文化汇流"（20200056）资助

2018 年，我们"中国丝绸文物分析与设计素材再造关键技术研究与应用"的项目团队和浙江大学出版社合作出版了国家出版基金项目成果"中国古代丝绸设计素材图系"（以下简称"图系"），又马上投入了再编一套 10 卷本丛书的准备工作中，即国家出版基金项目和"十三五"国家重点出版物出版规划项目成果"中国历代丝绸艺术丛书"。

以前由我经手所著或主编的中国丝绸艺术主题的出版物有三种。最早的是一册《丝绸艺术史》，1992 年由浙江美术学院出版社出版，2005 年增订成为《中国丝绸艺术史》，由文物出版社出版。但这事实上是一本教材，用于丝绸纺织或染织美术类的教学，分门别类，细细道来，用的彩图不多，大多是线描的黑白图，适合学生对照查阅。后来是 2012 年的一部大书《中国丝绸艺术》，由中国的外文出版社和美国的耶鲁大学出版社联合出版，事实上，耶鲁大学出版社出的是英文版，外文出版社出的是中文版。中文版由我和我的老师、美国大都会艺术博物馆亚洲艺术部主任屈志仁先生担任主编，写作由国内外七八位学者合作担纲，书的内容翔实，图文并茂。但问题是实在太重，一般情况下必须平平整整地摊放在书桌上翻阅才行。第三种就是我们和浙江大学出版社合作的"图系"，共有10卷，此外还包括2020年出版的《中国丝绸设计（精选版）》，用了大量古代丝绸文物的复原图，经过我们的研究、拼合、复原、描绘等过程，呈现的是一幅幅可用于当代工艺再设计创作的图案，比较适合查阅。如今，如果我们想再编一套不一样的有关中国丝绸艺术史的出版物，我希望它是一种小手册，类似于日本出版的美术系列，有一个大的统称，却基本可以按时代分成10卷，每一卷都便于写，便于携，便于读。于是我们便有了这一套新形式的"中国历代丝绸艺术丛书"。

当然，这种出版物的基础还是我们的"图系"。首先，"图系"让我们组成了一支队伍，这支队伍中有来自中国丝绸博物馆、东华大学、浙江理工大学、浙江工业大学、安徽工程大学、北京服装学院、浙江纺织服装职业技术学院等的教师，他们大多是我的学生，我们一起学习，一起工作，有着比较相似的学术训练和知识基础。其次，"图系"让我们积累了大量的基础资料，特别是丝绸实物的资料。在"图系"项目中，我们收集了上万件中国古代丝绸文物的信息，但大部分只是把复原绘制的图案用于"图系"，真正的文物被隐藏在了"图系"的背后。再次，在"图系"中，我们虽然已按时代进行了梳理，但因为"图系"的工作目标是对图案进行收集整理和分类，所以我们大多是按图案的品种属性进行分卷的，如锦绣、绒毯、小件绣品、装裱锦绫、暗花，不能很好地反映丝绸艺术的时代特征和演变过程。最后，我们决定，在这一套"中国历代丝绸艺术丛书"中，我们就以时代为界线，将丛书分为 10 卷，几乎每卷都有相对明确的年代，如汉魏、隋唐、宋代、辽金、元代、明代、清代。为更好地反映中国明清时期的丝绸艺术风格，另有宫廷刺绣和民间刺绣两卷，此外还有同样承载了关于古代服饰或丝绸艺术丰富信息的图像一卷。

　　从内容上看，"中国历代丝绸艺术丛书"显得更为系统一些。我们勾画了中国各时期各种类丝绸艺术的发展框架，叙述了丝绸图案的艺术风格及其背后的文化内涵。我们梳理和剖析了中国丝绸文物绚丽多彩的悠久历史、深沉的文化与寓意，这些丝绸文物反映了中国古代社会的思想观念、宗教信仰、生活习俗和审美情趣，充分体现了古人的聪明才智。在表达形式上，这套丛书的文字叙述分析更为丰富细致，更为通俗易读，兼具学术性与普及性。每卷还精选了约 200 幅图片，以文物图为主，兼收纹样复原图，使此丛书与"图系"的区别更为明确一些。我们也特别加上了包含纹样信息的文物名称和出土信息等的图片注释，并在每卷书正文之后尽可能提供了图片来源，便于读者索引。此外，丛书策划伊始就确定以中文版、英文版两种形式出版，让丝绸成为中国文化和海外文化相互传递和交融的媒介。在装帧风格上，有别于"图系"那样的大开本，这套丛书以轻巧的小开本形式呈现。一卷在手，并不很大，方便携带和阅读，希望能为读者朋友带来新的阅读体验。

　　我们团队和浙江大学出版社的合作颇早颇多，这里我要感谢浙江大学出版社前任社长鲁东明教授。东明是计算机专家，却一直与文化遗产结缘，特别致力于丝绸之路石窟寺观壁画和丝绸文物的数字化保护。我们双方从 2016 年起就开始合作建设国家文化产业发展专项资金重大项目"中国丝绸艺术数字资源库及服务平台",希望能在系统完整地调查国内外馆藏中国丝绸文物的基础上,抢救性高保真数字化采集丝绸文物数据,以保护其蕴含的珍贵历史、文化、艺术与科技价值信息,结合丝绸文物及相关文献资料进行数字化整理研究。目前,该平台项目已初步结项,平台的内容也越来越丰富,不仅有前面提到的"图系",还有关于丝绸的博物馆展览图录、学术研究、文献史料等累累硕果,而"中国历代丝绸艺术丛书"可以说是该平台项目的一种转化形式。

中国丝绸的丰富遗产不计其数,特别是散藏在世界各地的中国丝绸,有许多尚未得到较完整的统计和保护。所以,我们团队和浙江大学出版社仍在继续合作"中国丝绸海外藏"项目,我们也在继续谋划"中国丝绸大系",正在实施国家重点研发计划项目"世界丝绸互动地图关键技术研发和示范",此丛书也是该项目的成果之一。我相信,丰富精美的丝绸是中国发明、人类共同贡献的宝贵文化遗产,不仅在讲好中国故事,更会在讲好丝路故事中展示其独特的风采,发挥其独特的作用。我也期待,"中国历代丝绸艺术丛书"能进一步梳理中国丝绸文化的内涵,继承和发扬传统文化精神,提升当代设计作品的文化创意,为从事艺术史研究、纺织品设计和艺术创作的同仁与读者提供参考资料,推动优秀传统文化的传承弘扬和振兴活化。

中国丝绸博物馆 赵 丰

2020 年 12 月 7 日

精雅理韵——宋代丝绸的技、艺与影响

　　宋代时，中国是当时"世界上最富饶、人口最多，在许多方面文化最先进的国家"[①]。宋代在文化传统、经济格局方面的深远影响一直延续到今天。宋代是一个多民族政权共存的特殊历史时期，陆上丝绸之路受到阻隔，反而促进了海上丝绸贸易的长足发展，从而成就了辉煌的海上丝绸之路。多民族文化融合为现代中华文化的形成奠定基础，中国东南沿海地区至今仍是全国的纺织业中心和经济最发达的区域。

　　宋人在蚕桑丝织业方面有很高建树，如掌握了一整套从种桑、养蚕到制线、织造的技术体系，又如普遍使用脚踏缫车、束综提花机等当时先进的生产机具，再如官营丝织业推行系统化的管理模式，民间丝织业具有很强的生产能力。当时的官营织造机构主

---

① 斯塔夫里阿诺斯．全球通史．吴象婴，等译．上海：上海社会科学出版社，1988：429．

要分布在都城和河北、山东、两浙及四川等蚕桑丝织业发达的地区。按各地技术优势进行分工，分别生产绫、罗、锦、绮、绢、纱、绅等品种。宋代高超的丝织技艺和强大的产能为我们留下了珍贵的研究资料。

宋代丝绸纹样艺术呈现出质朴、清淡、含蓄、雅致的整体风貌。受宋代文人审美格调、日常生活喜好以及宋画崇尚真实且讲究神趣风格的影响，植物纹样最为流行。最常见的题材有牡丹、莲荷、梅、菊等，也有内容丰富的花卉组合，几何化和程式化的卷草纹、带果实的蔓藤也很常见。男女服饰上都大量使用植物纹样。同时，几何纹样发展定型，是仅次于植物纹样的流行题材，常常作为主要纹样出现；名称中带有"方""矩""圆""团""球""盘""环"等字眼的几何纹，虽然造型相对简洁，但具有图形工整、比例精确的突出特征。动物纹样在丝绸纹样中出现的频率相比宋代以前有了变化，狮、虎等传统瑞兽题材逐渐式微，形象上也更平易近人，而身形娇小、举止活泼的小型禽鸟和蝴蝶、蜜蜂等轻盈灵动的小昆虫成为主角，值得一提的是宋代龙纹的每一部分造型都以一种现实中存在的兽类的典型特征为参照，且形成了固定模式。还有一些文字纹、器物纹、人物纹，如"卍"字纹、璎珞纹、婴童纹等，也体现出时代特征，反映出宋代社会崇佛尚礼、向往美好、渴望人丁兴旺的世间百态。

从北宋至南宋，丝绸纹样的装饰性渐强，不论是单纯的线型走向，还是发展出的"花中填花"等新颖范式，都表现出鲜明的动感与层次感。绅、纱、罗等结构特殊的丝织物品种因肌理效果和触感不同于常规品种，在表达纹样时呈现出了更丰富的效果。

宋代丝绸生产技术和艺术风格经由海上丝绸之路向东、向西传播，在当时影响至朝鲜半岛和日本，也影响至欧洲的意大利。宋代丝绸纹样中的部分经典后来也成为明清丝绸艺术的基准。

对宋代丝绸艺术的研究，将向当代和后世尽可能还原在那个多民族文化融合的背景下，科技发达、文化繁荣的环境中，严谨含蓄的风格是如何形成又是如何得以物化的，并为今天染织时尚和造物设计提供文化借鉴。

目录 CONTENTS

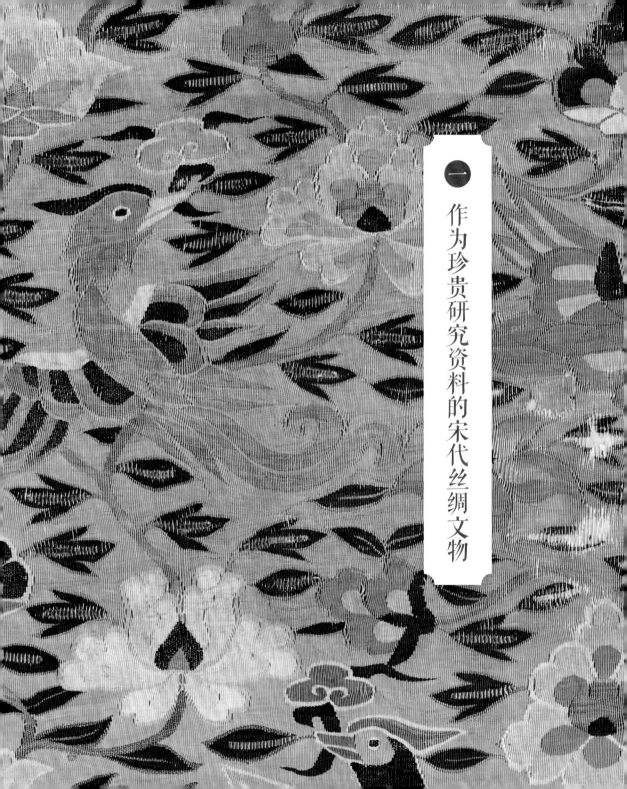

一

作为珍贵研究资料的宋代丝绸文物

中
国
历
代
丝
绸
艺
术

宋王朝（北宋和南宋）先后与辽、西夏、金、元并存。宋代是中国历史上特殊的 300 多年，也是当今中国提出的"一带一路"倡议中的"带"与"路"在古代重要的转型阶段——陆上丝绸之路转变模式，海上丝绸之路登峰造极。宋代大量出口以丝绸等为代表的制成品，彰显其强大的经济实力，于是宋代的海上通道被称为"海上丝绸之路"。[①] 与发轫于海上丝绸之路的文化、贸易交流相得益彰，宋代丝绸文化向东、向西传播，对世界丝绸发展产生深远影响。宋代丝绸纹样也成为古代丝绸之路历史文化符号中的重要元素。

宋王朝是在汉族聚居区建立的。北宋时期较为稳固的统治区域主要是黄河中下游及其以南地区，南宋时期则退缩至长江中下游及其以南地区。丝绸是复兴工艺美术、传承传统文化事业中学术价值较高的研究领域。聚焦于宋代丝绸艺术的研究不似聚焦于汉唐、明清等时期丝绸艺术的研究热门，这在一定程度上是由于一度缺乏考古实物，以往科研工作难成体系。幸运的是近十多年来接连有该时

---

① 陈炎.略论海上"丝绸之路".历史研究，1982（3）：166-170.

期的丝绸考古新发现，即使部分文物保存状况欠佳，也雪中送炭般成为已有研究资料的有力补充。

本书针对宋朝统治区出土丝织品文物实物开展研究，主要以近年来考古新发现的两宋丝绸文物为第一手研究资料（包括前辈学者们研究 1949 年以来出土宋代丝绸所获得的学术成果），以宋朝存续的 960—1279 年作为研究的时间范围，以这一时间跨度内宋朝的统治区域为研究的地理范围。在探讨具体问题时，也将发现于辽、金、西夏及其他少数民族统治区域内的丝织品，以及分散在国内外的其他宋代丝织品用于对比。笔者旨在尽一己之力对宋代丝绸纹样艺术做一整理和归纳。

与其他朝代相比，宋代丝绸文物因出土不算丰富而更显珍贵。北宋时期的丝绸文物主要发现于一些佛塔的塔基、塔身或地宫等，较为重要的共有五处：一是江苏镇江甘露寺铁塔塔基（1960 年发掘）；二是浙江瑞安慧光塔塔身（1966—1967 年发掘）；三是江苏苏州虎丘云岩寺塔塔身（1956 年发现文物）；四是江苏苏州瑞光塔塔心窖穴（1978 年发掘）；五是江苏南京长干寺北宋地宫（2008 年发掘）。而属于北宋时期的发现了大量丝织品的墓葬只有一处，即湖南衡阳何家皂山北宋墓（1973 年发掘）。

浙江瑞安慧光塔出土的北宋丝织品数量不多，浙江省博物馆曾介绍过该塔出土的三方素罗经袱，为双面丝绸刺绣，纹样为罗地经袱上单丝双面绣成的成对飞鸾团花纹（图 1）。① 这三方经袱和南京北宋长干寺地宫出土的双面刺绣都是中国境内较早的双面

---

① 浙江省博物馆.浙江瑞安北宋慧光塔出土文物.文物，1973（1）：48-57.

绣作品。长干寺地宫出土的双面绣有好几幅，其一为小折枝花叶双面绣绢巾，花、叶用排针法绣，枝用接针法绣（图2、图3）。

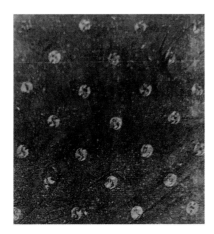

▲ 图1　双面绣经袱
北宋，浙江瑞安慧光塔出土

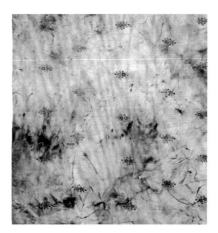

▲ 图2　小折枝花叶双面绣绢巾
北宋，江苏南京长干寺地宫出土

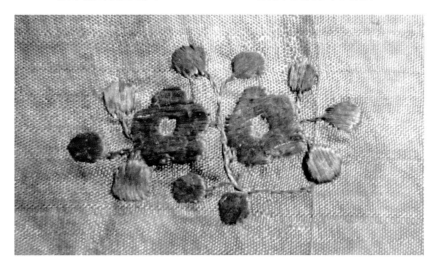

▲ 图3　小折枝花叶双面绣绢巾（细部）
北宋，江苏南京长干寺地宫出土

相对而言，南宋丝绸文物的发现较为理想，江南地区的不少南宋墓葬中均有丝绸文物集中出土，如浙江兰溪南宋潘慈明夫妻合葬墓（1966 年发掘）、福建福州黄昇墓（1975 年发掘）、江苏镇江金坛周瑀墓（1975 年发掘）、江苏常州武进南宋墓（1976年发掘）、福建福州茶园山宋墓（1986 年发掘）、江西德安南宋周氏墓（1988 年发掘）、江苏南京高淳花山墓（2003 年发掘）、浙江余姚史嵩之墓（2011 年发掘）、浙江武义徐谓礼墓（2012年发掘）、浙江黄岩赵伯沄墓（2016 年发掘）等。

（一）北宋丝绸文物主要出土来源

1. 江苏南京北宋长干寺地宫

2007 年初，南京市博物馆在江苏省南京市秦淮区中华门外雨花路东侧秦淮河畔长干里对明代皇家寺院大报恩寺遗址进行发掘时，发现了建于北宋大中祥符四年（1011 年）的长干寺真身塔地宫重要遗迹，并于 2008 年从地宫中发掘出近百件种类繁多的北宋丝绸文物，这批北宋早期的文物在存于地下 6.75 米深的密封程度极好的铁函中安放千年且保存完好。这批织物以平经类暗花织物为主，其织造大多使用多综多蹑机，纹样简洁，纹样循环小；这批织物中还有斜纹地暗花织物，其织造则很可能使用束综提花机，纹样循环更大，造型也更为多变。

2. 湖南衡阳何家皂山北宋墓

1973 年，在湖南省衡阳县金星公社福兴大队何家皂山发现一座北宋墓，墓主为一男性。墓中出土大量丝麻织物，经整理共发现大小衣物及服饰残片 200 余件、块，种类有袍、袄、衣、裙、鞋、帽、被子等，品种有绫、罗、绢、纱等几类，织物纹样以连钱纹、方格纹、菱形纹及圆形小点花纹等小几何纹样为主。暗花绫织物是其中重要的一类织物，其纹样除有菱形纹、方格小点花等小型纹样外，也有狮子滚绣球藤花纹、缠枝花果童子纹、仙鹤藤花纹、缠枝牡丹莲蓬童子纹等中大型纹样。

（二）南宋丝绸文物主要出土来源

1. 福建福州黄昇墓

1975 年 10 月，福建省博物馆（今福建博物院）在福建省福州市北郊浮仓山发掘了黄昇墓，墓中出土了大量南宋时期的丝织品。按照墓志中的记载，墓主人黄昇为官史之妻，卒于南宋淳祐三年（1243 年），年仅 17 岁。夫家祖父即宋太祖赵匡胤的第九世孙赵师恕厚葬了这位英年早逝的孙媳妇。因此，黄昇墓所出土各类服饰及丝绸质量上乘，数量众多，共计 354 件，其中服饰 200 余件，各种织物 150 余件，品种繁多，几乎囊括了绫、罗、绸等当时高级织物的品类。服饰、用品款式也很齐全，除了袍、衣、背心、裤、裙、抹胸、围兜等外，还有香囊、荷包、卫生带、裹脚带等纺织制品。

2. 江西德安周氏墓

1988 年 9 月,江西省德安县博物馆和江西省文物考古研究所在江西省德安县郊桃源山发掘了周氏墓,墓中出土了一批南宋时期的丝织品。据墓志记载,墓主人周氏卒于咸淳十年(1274 年),为南宋时期新太平州(今安徽当涂)通判吴畴之妻,其父也是南宋的地方官员。墓中出土随葬物品 408 件,其中包括袍、裙、裤、鞋、袜等在内的丝绸服饰 80 余件,丝绸残片和丝线等 200 余件。这些文物大多保存完好,品种包括罗、绮、绫、绢、纱、绉纱等,其中又以罗织物居多,反映了当时"薄罗衫子薄罗裙"的服饰风尚。织物除平纹素织物外,纹样大多以提花工艺显花,以山茶、梅花、牡丹、芙蓉等的折枝花卉造型为主,另有少量织物采用了印花和彩绘工艺。对于丝绸纹样史研究而言,该墓是继福州黄昇墓之后又一座有代表性的南宋墓葬。

3. 江苏金坛周瑀墓

1975 年 7 月,在江苏省镇江地区金坛县和句容县交界的茅山东麓黑龙岗东向坡上,东距金坛县城 30 公里处的金坛县茅麓公社向阳大队,发现了一座南宋早期的墓葬,墓主人为太学生周瑀。墓中出土了大量的服饰和丝织品,计衫 16 件、丝绵袄 2 件、抹胸 1 件、裳 2 件、蔽膝 1 件、裤 7 件、袜裤 1 件、履 1 双、褡裢 1 件。从织物种类来看,含素纱、提花纱、素罗、花罗、绮、绫等,以纱罗织物居多。其中纱、罗、绮显示出不少纹样,多为矩形点、菱形、方格等几何形纹样,此外则以花卉图案为主,包括单枝星菊、单朵梅花等折枝花卉，也有缠枝牡丹、山茶、桃花、天竺等中大型花卉纹样。

4. 浙江黄岩赵伯澐墓

该墓发掘于 2016 年 5 月。墓主人赵伯澐为宋太祖赵匡胤七世孙，生于南宋绍兴二十五年（1155 年），卒于嘉定九年（1216 年）。墓葬保存完好，墓中出土的丝绸文物服饰种类丰富，涵盖了衣、裤、袜、鞋、靴、饰品等多个品种。其中衣的形制最为多样，有圆领衫、对襟衫、交领衫、抹胸等；裤亦有合裆裤、开裆裤、胫衣、裙裤等；饰品有帽、腰带、随葬玉器上的丝质编织带等。同时，织物品种齐备，其丝绸服饰原料包括绢、罗、纱、縠、绫、绵绸等品种。

5. 福建福州茶园山宋墓

1986 年，福州挖掘了一座保存完好的南宋墓葬，墓主人夫妇的尸身保存完好。该墓绝对纪年为南宋端平二年（1235 年），与黄昇墓的位置及年代均十分接近。该墓出土各种珍贵丝织品 400 多件，其中有很多丝绸的品种和纹样类型也与黄昇墓出土丝织物基本相同，但数量更大。未见公开发表相关专题成果，部分文物信息散落于其他考古发现的研究成果中。

6. 江苏高淳花山宋墓

2003 年，在江苏省南京市高淳县花山发现一座南宋墓，墓主人为女性。南京市博物馆对墓中出土的衣物、被衾等织物做了简单的分析和介绍。^① 根据已经公开的文物实物信息，丝织品上出现了芙蓉山茶梅花纹、折枝芙蓉山茶梅花纹、缠枝并蒂莲荷纹、缠枝芙蓉牡丹纹等，与福州黄昇墓和德安周氏墓出土丝织品上的纹样题材和形式相近。

---

① 顾苏宁 . 高淳花山宋墓出土丝绸服饰的初步认识 . 学耕文获集：南京市博物馆论文选 . 南京：江苏人民出版社，2008：52-69.

宋代丝绸上的几何纹样

中 国 历 代 丝 绸 艺 术

　　著名工艺美术史学家、工艺美术奠基人田自秉先生的"几何纹极为盛行"[1]的论断将我们的视线首先吸引到宋代丝绸上的几何纹表现上。宋人在丝绸设计上有着斐然成就，巧妙地将精微方圆经营得形神兼备。

　　为何称之为方圆？中国现代设计之父雷圭元曾说："中国图案设计即是用方圆变幻来创造形式美。"[2]几何图案在当代的定义为，用各种直线、曲线等构成规则或不规则的几何纹样，作为装饰的图案。[3]然而，在明代徐光启翻译"几何学"其名之前，"几何"一词在汉语中意为"多少"。对照遗存图像和文字记录，宋代更多地用"方""矩""圆""团""球""盘""环"等字眼表达几何纹样。是数学史学家的论断启发了我们，圆和方是最典型的几何图形，中国古代一向使用规来做圆、矩来做方。[4]

①　田自秉，吴淑生，田青.中国纹样史.北京：高等教育出版社，2003：299.
②　雷圭元.图案漫谈，古为今用.装饰，1985（2）：4.
③　辞海编写组.辞海·艺术分册.上海：上海辞书出版社，1980：401.
④　邹大海.中国数学的兴起与先秦数学.石家庄：河北科学技术出版社，2001：13.

（一）几何纹样的流行

出土宋代丝绸中以几何纹为主要纹样的织物有 50 余件，对照出土宋代提花丝织物总数约 250 件的总体情况，几何纹在宋代丝绸上的流行程度可见一斑。

在出土宋代丝绸中，以提花工艺显示的几何纹样主要呈现在绮、绫、䌷、罗四类经纬线同色的暗花织物上，只有极少数锦以提花工艺显示几何纹样。宋代织锦名气很大，但目前被确定为宋代织锦的实物少之又少，"这是由于宋朝统治者把锦主要作为向异族纳贡求和的礼品，民间是不许私运贩卖及生产的"[1]。因此，我们从现有出土丝绸中暂无法得知宋代织锦几何纹样的配色。

宋人李诫《营造法式》卷十四中的"五彩遍装"将纹样按照母题分为华文、琐文等六大类型。华文应做"华美之纹"之解，为最大类。琐文为次大类，共有六种：琐子、簟纹、罗地龟纹、四出（含六出）、剑环、曲水。[2] "琐"，原指门窗上镂刻的连环形花纹。赵丰认为琐纹是将小型的杂宝抽象为几何形，并将其左右上下连接，形成细密的地纹。[3]《营造法式》中的记载是目前我们从宋人文献中捕捉到的与几何纹分类关联度最高的线索。由于难以求证旧名，前辈学人有时也只能将一些图形抽象、组合复杂的几何纹笼统地叫作"几何纹"。

---

① 钱小萍.中国传统工艺全集·丝绸织染.郑州：大象出版社，2005：337.

② 李诫.《营造法式》译解.王海燕，注译.武汉：华中科技大学出版社，2011：205.

③ 赵丰.中国丝绸通史.苏州：苏州大学出版社，2005：311.

（二）几何纹样的形式

1. 整齐一律

整齐一律是指"同一形状的一致的重复"①，以工整著称，是最基础的形式，因而也最常见。出土宋代丝绸上多见方形（菱形）、圆形（环形）以及组合图形所构成的呈散点排列的重复纹样，或满地或混地，以错位排列为时代特征，如余姚南宋史嵩之墓出土丝绸上车轮纹（图4）、瑞士阿贝格基金会藏宋代青地织金锦上菱形花纹（图5）。

▲ 图4　车轮纹复杂提花罗
南宋，浙江余姚史嵩之墓出土

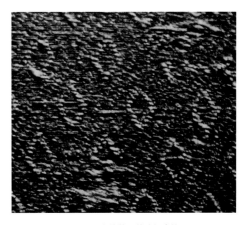

▲ 图5　青地菱形花纹织金锦
宋代

①　黑格尔.美学（第一卷）.朱光潜，译.北京：商务印书馆，2011：173.

2. 平衡对称

平衡对称意为将有差异的形式进行一致重复，此处的差异尤指形状的差异①。这种形式较整齐一律更具有灵活性。文物上出现不同形状且带有一定对立性的图形的规律重复，比如成底片关系的明暗相似形，面积接近的菱形和圆形，如福州南宋黄昇墓出土绫织物上的锯齿纹（图6）、南京北宋长干寺地宫出土墨书绮长巾上的圆点田字纹（图7）。几何形贵在有变化，平衡对称应该是几何纹样在中古阶段比较典型的变化模式。

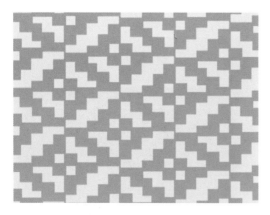

▲图6　绫织物上锯齿纹纹样复原
南宋，原件福建福州黄昇墓出土

▲图7　墨书圆点田字纹绮长巾
北宋，江苏南京长干寺地宫出土

3. 和谐

和谐讲求协调一致，消除各种形式因素差异的对立并将所有融入整体，亦是最高级

---

① 黑格尔.美学（第一卷）.朱光潜，译.北京：商务印书馆，2011：174.

的形式，因而具有更丰富的层次。和谐的几何纹设计在南宋丝绸上表现得比较明显，装饰效果突出，本书认为其主要有以下两个特点。

（1）矛盾元素体量合理对比

图7中的纹样，已出现将直线形和曲线形安排在一起的情况，但形式简单，体量上也势均力敌，容易让人感到紧张。图8①中的几何纹样大面积呈现直线形，除了有外细内粗的套菱形、实心方形点、实心三角形点以外，还有可以理解为将双胜的重叠部分省略的变形图形，但组合中最引人注目的是一个起到点缀作用的神秘曲线形（图9）。前人没有给它命名，笔者发现它与雷圭元提到过的象意字"规"的左边几乎一样（图10）②。在图8中，这样的曲线形在体量上合理地与直线形和谐搭配。

▲图8　几何纹绫纹样复原
南宋，原件福建福州黄昇墓出土

▲图9　神秘曲线形

---

① 福建省博物馆.福州南宋黄昇墓.北京：文物出版社，1982：105.
② 雷圭元.中国图案作法初探.上海：上海人民美术出版社，1979：11.

▲图10　象意字"规"的三种表达

（2）同类图形系数和布局关系

同类图形的变化运作是更稳妥地实现和谐的办法，可以有架构地将各种规格的同类图形圆满融合，而没有性质上的对立差异。

浙江黄岩南宋赵伯沄墓出土丝绸上双胜内填几何四瓣朵花、套菱形、"田"纹组合纹样（图11、图12）中以双线叠胜为核心图形，用占其面积1/4大小的方形填充核心图形的上下和左右，再用占方形面积1/4的小方形以及占小方形面积1/9的方点布置双胜左右的方形内部，用占方形面积1/9的方点布置双胜上下的方形内部。余下少量空间参考上述方法布局。4和9分别是2和3的平方，系数关系对应到方形面积上的大小，甚是玄妙。

江苏金坛南宋周瑀墓出土丝绸上几何八花纹（图13）以"十"字形为基础，产生了一系列在系数上和方位上包含一定变化规则的形变。在纵横向上，十字形组成的含有方元素的图形与上下左右相邻的同类图形都有系数关系；而在将纵轴左倾45度的斜线上，则间隔出现了同形逆时针旋转90度之后的图案。

▲ 图 11　菱格朵花纹绮（局部）
南宋，浙江黄岩赵伯沄墓出土

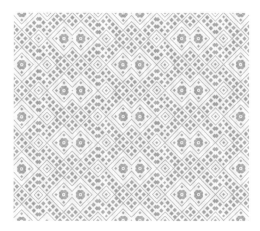

▲ 图 12　绫织物上双胜内填几何四瓣朵花、套菱形、
　　"田"纹组合纹样复原
南宋，原件浙江黄岩赵伯沄墓出土

▲ 图 13　绫织物上几何八花纹纹样复原
南宋，原件江苏金坛周瑀墓出土

（三）几何纹样的意蕴

在考古艺术史的研究工作中，我们往往采用王国维提倡的结合出土文物与古文献记载的二重证据法进行名物印证。在此基础上，将索绪尔符号学理论运用于对几何纹样形式与内容的分析，揭示纹样作为文化符号的所指，以便进一步领会其内在意蕴。出土宋代丝绸上具有文化寓意的几何纹不多见，比较典型的有以下两个。

金坛南宋周瑀墓出土丝绸上矩纹（图14）的出现很可能与南宋隔代仿制商周青铜器皿的风气有关，毕竟矩纹曾经常见于铜制礼器上。综合各方面情况，赵承泽认为此织物是《梦粱录》"卷十八"中记载的"三法暗花纱"。[1] 其中意蕴关联佛教题材，可能所指为"文殊、普贤、佛三圣圆融"，一佛二菩萨称为"三圣"，被抽象为"三法"。[2] 周瑀墓出土双矩纹纱和西夏陵区一○八号墓出土的工字纹绫都有此类纹样：工字纹为由粗细均匀的线条形成的空心工字形的几何纹（图15）。工字纹绫很有可能是从中原地区输入西夏国的。周瑀墓出土丝绸中还有簇四球路纹绫（图16），扬之水认为其纹样所指为欧阳修《归田录》"卷二"

① 赵承泽.谈福州、金坛出土的南宋织品和当时的纺织工艺.文物，1977（7）：29.
② 释见脉（黄淑君）.佛教三圣信仰模式研究.北京：中国社会科学院博士论文，2010：62.

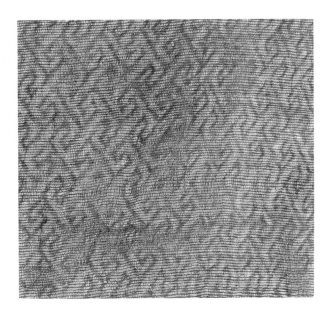

▶ 图 14 双矩纹纱单衫（局部）
南宋，江苏金坛周瑀墓出土

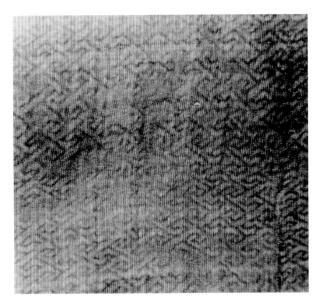

▶ 图 15 工字纹绫残片
西夏，宁夏西夏陵区一〇八号墓出土

▲ 图 16　簇四球路纹绫纹样复原
南宋，原件江苏金坛周瑀墓出土

中"方团毬路以赐两府"所说的"毬路"。① 在官修史书中亦有数条记录证实，带用
球路者地位颇高。如北宋初年即有"端拱中，诏作瑞草地球路文方团胯带，副以金鱼，
赐中书、枢密院文臣"②。其寓意为官运亨通，也可广泛象征吉祥祝愿。

---

① 扬之水. 奢华之色：宋元明金银器研究（卷一　宋元金银首饰）. 北京：中华书局，2010：167-168.
② 脱脱. 宋史. 天津：中华书局，1977：3565-3566.

（四）几何纹样的传播

宋代几何纹样及其实现方案在东西方都得到顺利传播，既对日本丝绸起到潜移默化的影响，也给欧洲丝绸带去技术支持。约从镰仓中期起，日本陆续仿制出许多中国丝绸纹样。藤原定家的《明月记》中多处写到穿唐绫小袖衣服的人，这种唐绫实际上就是日本当地织工模仿宋代织物纹样所织[①]。现存的很多镰仓时期织物上还能看到当时中国宋朝的时兴纹样，例如，京都栗棘庵所保存的用 13 世纪产于日本的丝绸制作的直缀上就有菱格纹（图 17）[②]。日本当代纺织史学家鸟丸知子的系统研究成果显示博多织来源于中国古老的平纹地经浮显花技术[③]。这一技术在宋代仍用于织制几何纹，不少日本学者认为该技术很有可能是在宋代传入日本的。传统博多织的一大艺术特征就是九变十化的几何纹饰[④]（图 18）。

同时，镂空版印花技术在宋代也通过海上丝绸之路传播到了欧洲[⑤]。大约在公元 12—13 世纪，中国提花机、踏板织机技

① 严勇 . 古代中日丝绸文化的交流与日本织物的发展 . 考古与文物，2004（1）：65-72.
② Kyoto National Museum. *Special Exhibition (October 9 —November 23, 2010): Transmitting Robes, Linking Minds the World of Buddhist Kasaya.* Kyoto: Kyoto National Museum, 2010: 128-129.
③ 鸟丸知子 . 织物平纹地经浮显花技术的发生、发展和流传——日本献上博多带探源系列研究之一 . 上海：东华大学博士学位论文，2004: 153.
④ http: //fukuoka-kenbi.jp/reading/selected/kenbi64.html.
⑤ 吴淑生，田自秉 . 中国染织史 . 上海：上海人民出版社，1986: 200.

◀ 图 17　菱格纹直缀（局部）
13 世纪

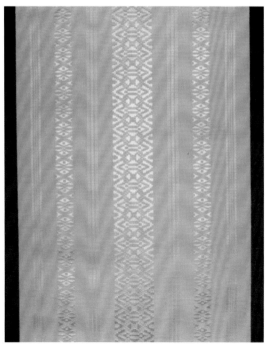

◀ 图 18　博多织
不详

术传到欧洲，极大地改进了欧洲的织造技术，促成了后来意大利卢卡、法国里昂等欧洲丝织业中心的崛起。

日本江户时期学者鹤田自反 1735 年所著《博多记》中提到，博多商人满田弥三右卫门与承天寺高僧圣一国师，学成宋朝的织造技术后回乡生产博多织。在江户时代，由于当地商人受黑田藩的保护，博多织每年被黑田藩作为方物向江户幕府进献，因而被称为"献上博多织" ①。

（五）几何纹样的变迁

从北宋到南宋，几何纹样的装饰意味逐渐浓厚：北宋时期的主流几何纹是由规则图形组成的略显程式化的混地纹样；南宋时期多为满地纹样，运用了规则图形的简化、同类图形的叠加等变形处理，将不同图形按照一定规律配伍的情况更为多见。

---

① http：//fukuoka-kenbi.jp/reading/selected/kenbi64.html.

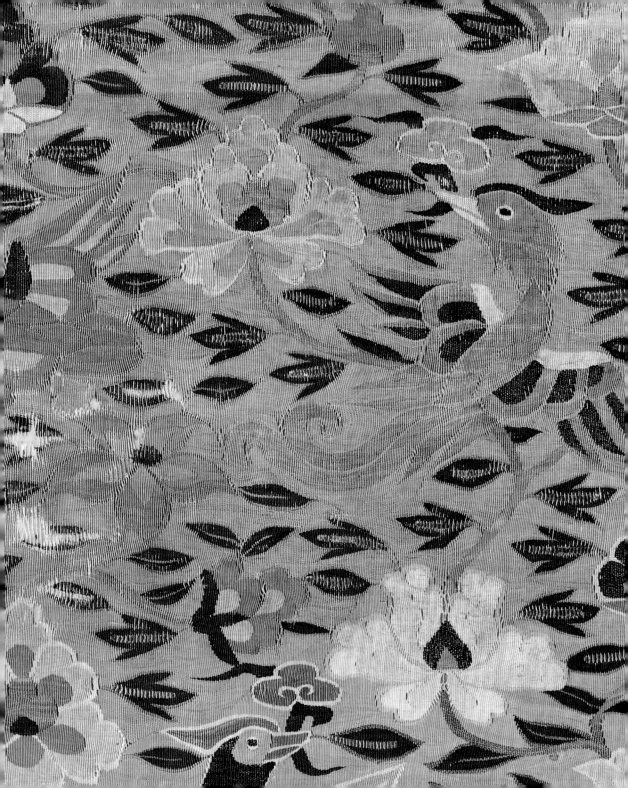

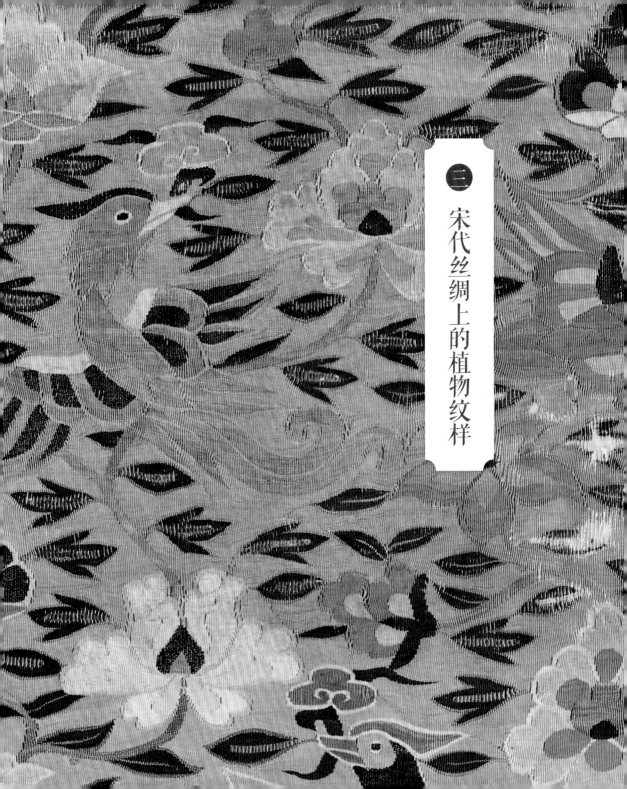

中 国 历 代 丝 绸 艺 术

　　受到社会思潮和绘画领域风尚的影响，宋人逐渐把对宗教画的热情转移到山水花鸟画上。"不是对人世的征服进取，而是从人世的逃遁退避；不是人物或人格，更不是人的活动、事业，而是人们的心情意绪成了艺术和美学的主题。"[①]这一审美特征映射到以丝绸纹样为代表的染织纹样上，便是以花卉纹为主的植物纹样在丝绸上成为绝对数量最多的纹样。

　　宋人喜爱簪花和穿着有花卉纹样的服装。陆游在《老学庵笔记》"卷二"中曾提到"如节物则春幡、灯球、竞渡、艾虎、云月之类，花则桃、杏、荷花、菊花、梅花皆并为一景。谓之一年景"[②]。这里所说的，主要是妇女普遍佩戴花卉头饰和穿着饰有花卉纹样的面料做成的衣裙，而且在不同季节或节日会搭配相应的时令花卉。比较特别的是，宋时男子上至皇帝，下至百姓，都有簪花的习俗。周密在《武林旧事》中记载"自皇帝以至群臣禁卫吏卒，

---

① 李泽厚.美的历程：修订彩图版.天津：天津社会科学院出版社，2002：264.
② 陆游.老学庵笔记.西安：三秦出版社，2003：83.

往来皆簪花"①。也如苏轼诗云："人老簪花不自羞，花应羞上老人头。"黄庭坚也感慨："白发簪花不解愁。"虽然簪花之风在中国由来已久，但男子簪花之风到了宋代才算鼎盛，并且发展成为一种礼仪制度。这从《宋史·舆服志》中所载"幞头簪花，谓之簪戴。中兴，郊祀、明堂礼毕回銮，臣僚及扈从并簪花，恭谢日亦如之"②可知。男子簪花作为古代遗风甚至影响至明代，同样，男子以身着花草纹衣衫为美的风俗应是从宋代兴起的。

（一）植物纹样的流行

中国文人对书画的珍爱，尤其是对花鸟画的推崇，在宋代达到顶峰。宋朝初期，即重视开展古书画搜访工作。北宋末年宣和年间（1119—1125）由官方主持编撰的著录宫廷所藏绘画作品的著作《宣和画谱》将各种绘画分为十门，书中在关于花鸟、墨竹、蔬果的介绍中列举了大量花木杂卉。书画家皇帝宋徽宗赵佶在绘画创作中对事物观察仔细，提倡写生，讲求法度。受其感染，宋代画家崇尚写实风潮。宋人所擅长的工笔花鸟画直接影响到装饰性丝绸缂丝艺术的表现技法。如朱克柔《牡丹图册页》（图19）中富丽娇艳的独秀牡丹花，是绘画风格和丝织技艺等多种艺术完美融合的集中体现。

---

① 周密.武林旧事：插图本.李小龙，赵锐，评注.北京：中华书局，2007：6.
② 脱脱.宋史.天津：中华书局，1977：3569.

▲ 图 19　朱克柔缂丝作品《牡丹图册页》
南宋

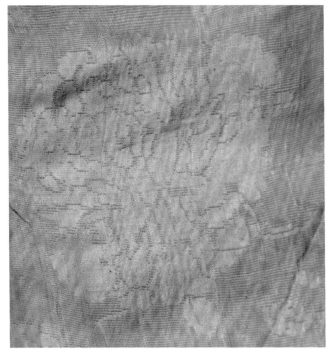

▲图20 牡丹纹提花纱
宋代

　　《宣和画谱》在"花鸟叙论"部分提道："故花之于牡丹芍药，禽之于鸾凤孔翠，必使之富贵。而松竹梅菊、鸥鹭雁鹜，必见之幽闲……展张于图绘，有以兴起人之意者，率能夺造化而移精神，遐想若登临览物之有得也。"[1] 在宋画中，画家借牡丹、芍药、松、竹、梅、菊等抒胸臆，与宋时文人的词文通感共情。这些在当时充满正能量的植物形象，在更具实用性的丝绸产品上也都是流行纹样，深受人们喜爱。如图20中的折枝牡丹造型，将当时最流行的牡丹主题用最流行的折枝形式来表达。

_____

① 佚名.宣和画谱.俞剑华，标点注译.北京：人民美术出版社，2017：239.

（二）植物纹样的题材与造型

《营造法式》"卷十二 雕作制度"根据艺术风格及表现手法，将植物纹样分为写生华、卷叶华、洼叶华三类。写生华有五种，即牡丹花、芍药花、黄葵花、芙蓉花、莲荷花；卷叶华有三种，即海石榴花、宝牙花、宝相花；洼叶华有六种，即海石榴花、牡丹花（含芍药花、宝相花之类）、莲荷花、万岁藤、卷头蕙草、蛮云。[①] 除了文献记载中建筑上常用的植物纹样，从图像资料看，宋时大量培植的观赏性花卉在丝绸上也都较流行，如被称为六大名花的牡丹、芍药、莲荷花、梅花、菊花、兰花等，较为常见的还有装饰性较强的花卉，如芙蓉、山茶、海棠、蜀葵等。"花卉装饰作为唐宋以来中国传统图案中最为盛行的题材，滥觞于魏晋，成熟于唐代，定格于宋代，并最终将宋代形成的装饰传统与体裁格式延至明清，直至今日。"[②] 在宋代丝绸上的植物纹样中，花卉纹的数量远大于果实纹。"宋代花卉纹样的枝叶穿插自然生动，较少程式化；花瓣虽有简化归纳，但仍有保持不同花种的特点。"[③] 宋代花卉纹样还有一大特点：花卉及花卉组合纹多以缠枝为基本骨架。"缠枝花"在南宋史料中也称"万寿藤"。"万寿藤是南宋时期的说法，缠枝是宋以后的话。"[④]

---

① 李诫.《营造法式》译解.王海燕，注译.武汉：华中科技大学出版社，2011：177—179.

② 汪燕翎.唐人爱花和宋人爱花——浅谈唐宋花卉纹样的流变.南京艺术学院学报（美术与设计），2003（2）：97.

③ 郭廉夫，丁涛，诸葛铠.中国纹样辞典.天津：天津教育出版社，1998：261.

④ 赵承泽.谈福州、金坛出土的南宋织品和当时的纺织工艺.文物，1977（7）：29.

1. 牡丹纹

宋人观赏牡丹成为一种风尚，牡丹纹也成为宋代工艺美术品大类中最常见的植物纹样之一。在纹样造型领域，唐代开元时期是装饰风格的转变期，"即由装饰性向写实性转变，而'写实'正是牡丹纹从唐代抽象花卉形态中脱颖而出的基础。"[①]宋人擅长工笔画，在唐人的基础上将形态饱满的牡丹花刻画得惟妙惟肖、摇曳多姿。从丝绸纹样上所看到的牡丹多为重瓣牡丹，视角主要有俯视、3/4 侧视、侧视，通常两种视角造型相搭配，轮廓生动，对花瓣线条等细节的处理非常细致。黄昇墓出土丝绸上的折枝牡丹纹（图 21）有两种姿态相互呼应，一朵上扬，一朵俯垂，既写实，又有设计感。

2. 莲荷纹

北宋理学家周敦颐曾经赞美莲花"出淤泥而不染，濯清涟而不妖"，说明了宋代社会所赋予莲花的特殊含义。在宋代，莲花纹成为仅次于牡丹纹的流行装饰纹样。宋代的莲花纹样"风格写实、造型严谨、用线挺拔、笔独灵活、纯朴而豪放"[②]，显示出秀丽精巧、清晰工整的艺术风格，突出了一个"雅"字。荷叶香远益清，亭亭净植，在视觉上也富有装饰效果，所以

---

① 张晓霞．天赐荣华——中国古代植物装饰纹样发展史．上海：上海文化出版社，2010：159.
② 龙宝章．中国莲花图案．北京：中国轻工业出版社，1993：21.

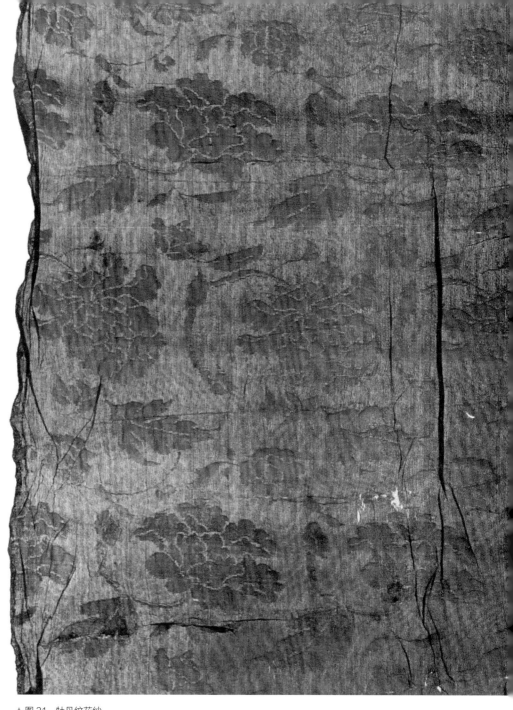

▲ 图 21　牡丹纹花纱
南宋，福建福州黄昇墓出土

▲图 22　花边上彩绘荷萍鱼石鹭鸶纹花边（局部）线描纹样复原
南宋，原件福建福州黄昇墓出土

纹样中多见莲花与荷叶的搭配。宋人对莲花的表现，也是多视角的，以侧视和 3/4 侧视为主，对荷叶叶脉的描绘也很形象①（图 22）。

目前保存相对完整的莲荷纹来自新疆阿拉尔出土的重莲团花纹锦，由两朵 3/4 侧视的盛开莲花搭配 3/4 侧视荷叶，构成喜相逢的形式，荷花与荷叶的大小接近，头尾由 S 型叶柄相连，花叶间隙用两片三叶草填充，整体作为团型轮廓中的适合纹样，疏密有度（图 23）。

① 图片来源：福建省博物馆 . 福州南宋黄昇墓 . 北京：文物出版社，1982：114.

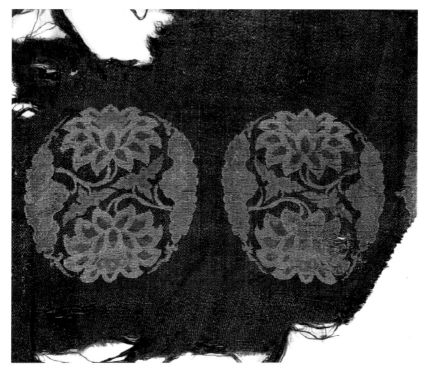

▲图23　重莲团花纹锦
北宋，新疆阿拉尔出土

　　此外，"把莲纹是宋代莲花纹的一种新颖构成形式，因将折枝莲花、莲叶、莲蓬和茨菰、浮萍等水生植物，用锦带扎成束状以组成画面而得名"①，有学者称其为束莲纹。把莲纹也出现在刺绣作品中，相似造型在辽代的丝织物上也曾出现过②（图24）。

---

①　谷莉．宋辽夏金装饰纹样研究．苏州：苏州大学博士学位论文，2011：79.
②　赵丰．辽代丝绸．香港：沐文堂美术出版社有限公司，2004：122.

图 24　束莲纹罗地彩绣（局部）
辽代

3. 梅花纹

五瓣朵花尤其是花瓣接近圆形的小型花朵一般被认为是梅花。梅花形态娇小，适合作为点缀性的装饰元素，比如欧阳修词"呵手试梅妆"、朱淑真词"梅蕊宫妆困"中所言宋代时髦的梅花妆，就是用脂粉在脸上画出梅花花瓣的形状，或者把剪成梅花花瓣形状的花子贴在面部来修饰颜面的妆容。

陆游赋词"无意苦争春，一任群芳妒"，宋代文人自视高洁的个性特征与梅花坚强孤傲的品质不谋而合，进而影响到整个社会的审美主张。梅花纹在宋代丝绸设计中受到重视且造型丰富。梅花造型主要分为两大类，即朵花和枝花。朵花造型中，最常见的是圆芯朵花，黄昇墓出土丝绸中有靛蓝染圆芯朵花纹样，福州茶园山宋墓出土的印花裙上也有圆芯朵花纹样（图25）。圆芯朵花形象在现代简笔画中依然是对梅花最经典的表达。另有空心朵花造型，小巧秀丽，如浙江武义徐谓礼墓出土空心朵梅纹异向绫上的朵梅纹（图26）。枝花造型中以俯视、侧视梅花和花骨朵组合的梅枝最为普遍，并且风格多变；有独枝两花，双枝两花等，对枝干的描绘相对写意，大都用圆顺而末端带有笔锋的弧线来表示。图27、图28、图29、图30中的枝梅纹各不相同。

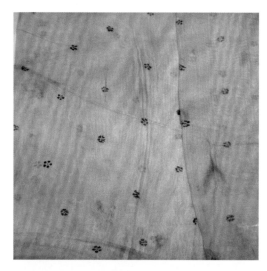

◀图 25　圆芯朵梅纹印花裙（局部）
南宋，福建福州茶园山墓出土

◀图 26　空心朵梅纹异向绫
南宋，浙江武义徐谓礼墓出土

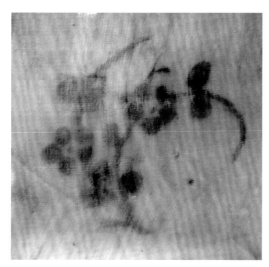

▲ 图27　枝梅纹印花绢（枝梅纹印痕一）
北宋，江苏南京长干寺地宫出土

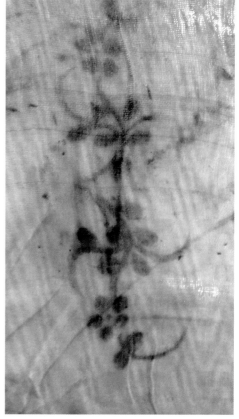

▶ 图28　枝梅纹印花绢（枝梅纹印痕二）
北宋，江苏南京长干寺地宫出土

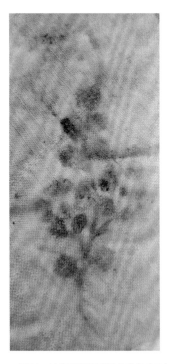

▲图29　枝梅纹印花绢（枝梅纹印痕三）
北宋，江苏南京长干寺地宫出土

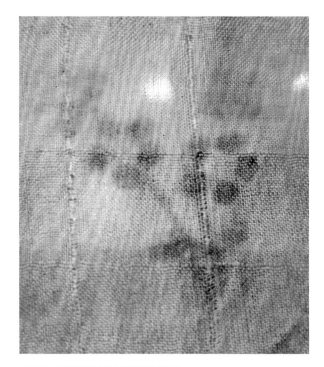

▲图30　枝梅纹印花绢（枝梅纹印痕四）
北宋，江苏南京长干寺地宫出土

4.菊花纹

宋代丝绸上的菊花纹样清新秀丽，趋向自然。宋代是菊花从药用转为园林观赏用的重要时期，史铸的《百菊集谱》记载有160多个菊花品种，由"百菊"的称法和各种菊花形象可知，菊花纹取材源自对现实生活的观察归纳。

菊花形象辨识度较高，有几件印绘丝绸文物上的菊花纹，分别采用泥金和印金（或其他）工艺，造型视角以俯视为主。如南京北宋长干寺地宫出土的泥金罗巾上的菊花纹呈露芯单轮反抱状（图31）、百纳布上三角形拼接布块上的露芯圆润平瓣状菊花纹，都从菊花的带状花瓣和披针形叶片中提炼出几何化形象，以适应外轮廓造型对适合纹样的要求，精致而质朴。

还有晚唐至宋流行的"小折枝"形式的折枝菊花，两枝左右对称成一组，呈八字形，每枝有两花，枝头为侧视菊花，中部为3/4侧视菊花，枝上搭配卵形叶。纹样布局自然，花叶风格写实，视觉效果层次分明，展现出典型的宋代纹样风格（图32、图33、图34）。

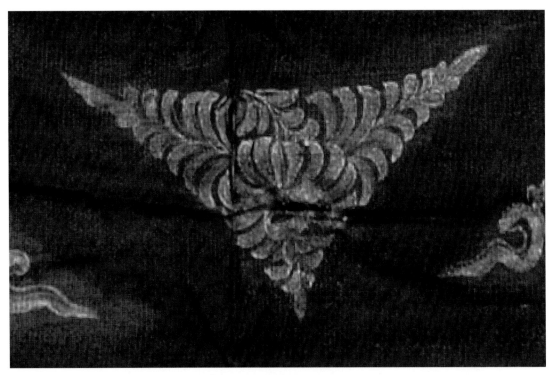

▲ 图 31　泥金团龙纹罗（局部）
北宋，江苏南京长干寺地宫出土

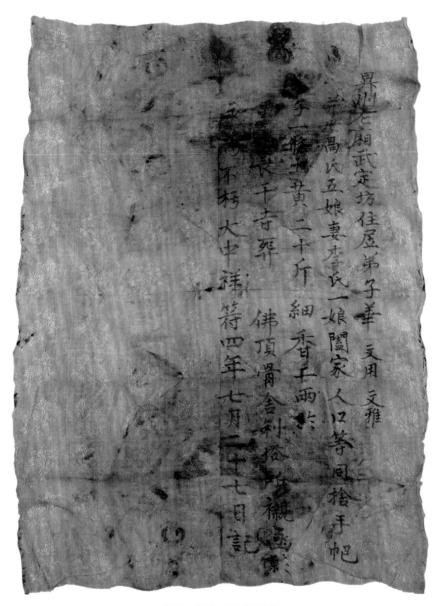

▲图32　墨书对折枝菊花纹纱
北宋，江苏南京长干寺地宫出土

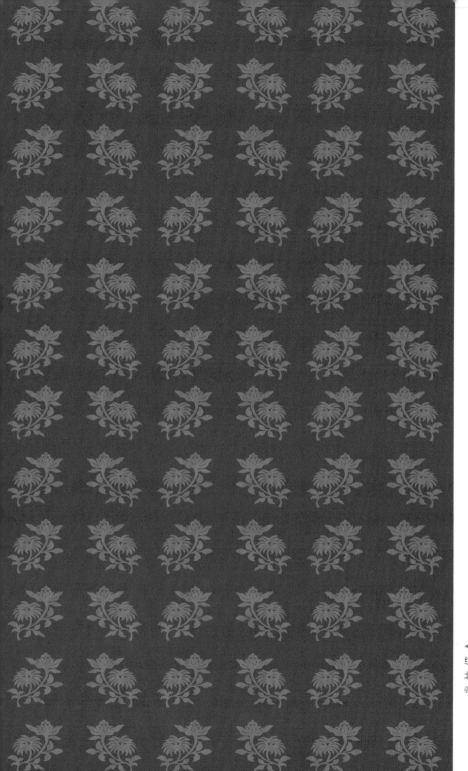

◀ 图 33　墨书对折枝菊花纹纱纹样复原
北宋，原件江苏南京长干寺地宫出土

▲ 图 34　墨书对折枝菊花纹纱纹样单元

5. 卷草纹

"卷草是一种在古代世界中普遍流行的纹样，在西方如古埃及、古希腊和古罗马都有，以莨苕、棕榈、葡萄、忍冬作为主体，生机勃勃，充满活力，在伊斯兰纹样中则称为阿拉伯藤蔓，通常用于边饰。"[①] 卷草纹应是起源于古埃及，于魏晋南北朝时期从地中海地区经由西亚传入印度，再从印度传到中国的。

在宋代，卷草纹样依旧常见，并且发展出新的造型，其枝叶形态抽象，且在织物上呈现斜向排列效应。日本学者称其为二重蔓唐草，收藏于日本京都正法寺的一件南宋时期的九条袈裟上就有类似纹样，织物为六枚异向绫（图35）。这类纹样用线条表示枝干和树叶，以涡旋为基础，结合卷草纹的基本特征后，一正一反、一大一小组成纹样单元，多呈45度斜向，向两端延伸为二方连续，铺满整块织物，将视线引向逶迤蜿蜒的斜向两端，气韵涌动（图36）。

此类纹样可以理解为旋纹和卷草纹的结合。"旋纹无论是物象还是图形，都是以卷曲的弧线表达，似乎可以舒缓强烈激昂的思绪，理平心境，凝神驻足。"[②]

---

① 袁宣萍.论我国装饰艺术中的植物纹样的发展.浙江工业大学学报（社会科学版），2005（4）：93.
② 袁杰英.解读涡旋纹饰.装饰，2009（4）：82.

▶ 图35 九条袈裟（局部）
南宋

▶ 图36 涡旋卷草纹花纱（局部）
南宋，浙江余姚史嵩之墓出土

6. 花卉组合

植物纹样花色繁多，花卉组合内容丰富。宋时已有"岁寒三友"的称法，著名画家赵孟坚将松、竹、梅画在一起，取名《岁寒三友图》，现藏于台北故宫博物院。松、竹、梅在寒冬时节仍可保持顽强的生命力，因而得名"岁寒三友"，也被当作中国传统文化中高尚人格的象征。宋人以为，松、竹、梅，以及菊，必见之幽闲，都代表高洁气节。福州黄昇墓出土丝绸上的松竹梅纹样，竹叶和松针特征明显，曲线型树枝变化丰富（图 37）。德安周氏墓出土丝绸上的松竹梅纹，用 S 型缠枝将三种植物连接，用暗花色块表现竹叶和梅花瓣，突出体量感，灵活逼真（图 38、图 39）。武进南宋墓也出土有梅竹组合纹样丝绸。

▲ 图 37　松竹梅纹（局部）纹样复原
南宋，原件福建福州黄昇墓出土

▲图 38　松竹梅绮
南宋，江西德安周氏墓出土

▲ 图 39　松竹梅绮上长安竹纹（局部）纹样复原
南宋，原件江西德安周氏墓出土

更多花卉组合纹样大量出现在黄昇墓和周氏墓出土的丝织品上。以丝绸幅料上的纹样为例，在前人研究的基础上，可以整理出 20 多种组合，以牡丹、山茶组合最受欢迎，如表 1 所示。

表 1 宋代丝绸幅料上主要花卉组合主题

组合类型	牡 丹	芙 蓉	山 茶	海 棠	栀子花	荷（莲）花	梅 花
四花组合	√	√	√		√		
	√	√				√	√
三花组合	√	√					√
	√			√			√
二花组合	√	√					
	√		√				
	√						√
			√				√
	√					√	
		√					√

比如黄昇墓出土丝绸上的花卉组合，为南宋时期常见的折枝花，主题是当时最为流行的牡丹和芙蓉组合，以类似梅花等小花作为过渡和点缀（图 40）。这几种花卉有大有小，有繁有简，主次分明，布局自然，相得益彰。花枝弯曲，数片树叶分别用了俯视、侧视以及 3/4 侧视等角度表现，有动有静，栩栩如生，富有装饰性，彰显时代风尚。

◀ 图 40　牡丹芙蓉梅花纹花纱（局部）
南宋，福建福州黄昇墓出土

7. 花中填花

宋代开创了新的装饰范式，即"花内填花""叶内填花"。以尖瓣为标志的侧视莲荷、以五瓣为标志的俯视朵梅等用寥寥数笔表示的小型花卉被用作填花，规格虽小但也生动优美（图 41）。将几种主题纹样凭想象组合在一起，提高了装饰效果，丰富了装饰意义，是宋代锦上添花的一种发展[①]。最具宋代审美特色的形象，是在缠枝花大型花卉的花蕊和叶片中填花加以点缀（图 42）。南宋染织纹样的这种创新，当时也被借鉴到剪纸等民间艺术上。

---

① 田自秉，吴淑生，田青 . 中国纹样史，北京：高等教育出版社，2003：271-272.

◀图41　牡丹花心织莲纹提花纱
南宋，福建福州黄昇墓出土

▶图42　芙蓉叶内织梅纹提花纱
南宋，福建福州黄昇墓出土

（三）作为服饰纹样的植物纹

1. 女性服饰上的植物纹

宋代男女都穿饰有花卉纹样的衣服，且头上簪花，但女装相比男装，更加光彩夺目之处在于衣裙边缘所缝缀的装饰手法丰富的花边。花边上尤以将花草杂木为主的各种纹样搭配组合为特色，比较多见的是牡丹、芙蓉组合，主要花卉组合主题如表2所示。

表2　宋代印绘花边中的主要花卉组合主题

组合类型	牡丹	芙蓉	山茶	海棠	菊花	梅花	兰花	慈姑	桃花	水仙	蔷薇	荷（莲）花
五花组合	√			√		√	√			√		
三花组合			√			√				√		
								√		√		√
							√		√		√	
	√	√	√									
二花组合	√	√										
						√	√					
					√							√
		√			√							
百菊组合					√							

在德安周氏墓出土的衣裙中有将提花丝绸面料裁剪成窄条作为花边装饰衣裙边缘的情况，也有在衣裙边缘缝缀采用印花、彩印、泥金手法装饰的花边，后者色彩鲜艳，纹饰瑰丽。

在黄昇墓出土的衣裙中也出现了以大量花边作为带状装饰的情况：广袖袍"领、袖、下摆缘边作花纹或素色，襟缘多印金填彩边，襟缘之内花边多为彩绘，素色的少，有的胁下亦缝上花边一道"；窄袖袍领、襟、袖缘及胁下均缝上彩绘花边；单衣"领、袖、下摆缘边以素色为主，彩色花纹的少见，襟缘边多为印金填彩……襟缘内加缝花边一道，彩绘居多，次素色……也有另在胁下、背中脊、袖端的接缝处缀印金填彩的花边一道"；夹衣"领、袖、下摆缘边多素，花边少见。襟缘边以印金填彩为主，襟缘内缝缀花边一道，作彩绘、印金、刺绣或无花"；部分背心襟缘内加缝一道缀花边，装饰手法分别为印金填彩和彩绘；单裙的裙两侧、下摆及缝脊多数缝缀一道彩色花边，装饰手法为彩绘或印金填彩。①

在黄昇墓出土的丝绸服饰中，还有12件罗质花边，所采用的装饰手法有印花彩绘、彩绘、绣花彩绘、印金填彩；另有罗质佩绶2条，采用单面绣花手法装饰。②

相关研究显示，周氏的丈夫吴畴在她去世时官应不小于从七品，周氏作为命妇也被赐予"安人"的封号。③黄昇卒年十七，在当时为妙龄少妇，又是宗室贵妇，服饰理应更为讲究。加之福州毗邻东方大港泉州，受当时繁荣的海上丝绸之路文化贸易交流影响，相对江西德安算是走在时尚前沿。黄昇墓出土丝绸中，花边纹饰设计巧妙，精美绝伦。

---

① 福建省博物馆.福州南宋黄昇墓.北京：文物出版社，1982：9-14.
② 福建省博物馆.福州南宋黄昇墓.北京：文物出版社，1982：16.
③ 周迪人，周旸，杨明.德安南宋周氏墓.南昌：江西人民出版社，1999：82.

黄昇墓出土丝绸花边纹饰中最为著名的如下：

古铜色罗绣花佩绶（图43、图44）采用刺绣工艺装饰正面，左右两条对称，所绣纹样为包括玫瑰花、马兰花、茶花、桃花、梨花、菊花、蔷薇花、月季花、芙蓉花、栀子花、秋葵花、海棠花、芍药、牡丹等在内的十八种花卉纹组合，花叶穿插自然，色调分明，惟妙惟肖。

印花彩绘芙蓉人物纹花边位于上衣的直领对襟两侧，左右两条对称，纹样不是非常清晰。但依然可见每条花边上有用细小枝柄相连的宽大树叶，类似花内填花的风格，个别树叶上画有叶脉，其他树叶上还填有以几何纹为主的小纹样；枝叶空隙中饰有手执花枝站立在几凳上的童子形象，俏皮风趣，栩栩如生（图45、图46）。

褐色芙蓉花罗夹衣的花边（图47、图48）采用印花工艺，以缠枝花叶为主作带状适合纹样，从朵花造型看，纹样是盛开的梅花，两种花朵均为俯视视角效果。树叶对生，叶片呈卵形，基部为心形，和现实中的梅树叶也很接近。

蝶恋芍药纹印花花边采用刺绣工艺，纹样以通过花枝纵向蔓延生长的芍药花为主，花间饰有收起翅膀停在花上的带有不同花斑的蝴蝶，在枝蔓上还点缀有随风飘摆的璎珞绶带纹，构图巧妙，线条流畅（图49、图50）。

镂空刷印卷草纹花边采用色胶印花工艺，卷草纹呈缠枝状，花纹线条较粗，配以描金勾边（图51、图52）。从造型上看与唐朝用作边饰的卷草纹有继承关系。

▲ 图 43　古铜色罗绣花佩绶（局部）
南宋，福建福州黄昇墓出土

▲ 图 44　古铜色罗绣花佩绶（局部）纹样复原

▲图45　印花彩绘芙蓉人物纹花边（局部）
南宋，福建福州黄昇墓出土

▲图46　印花彩绘芙蓉人物纹花边（局部）纹样复原

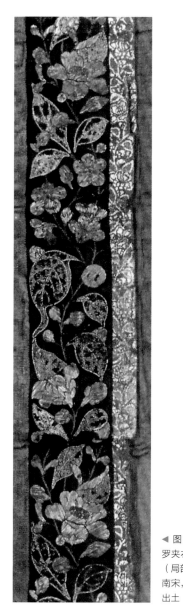

◀ 图 47　褐色芙蓉花
罗夹衣花卉纹印花花边
（局部）
南宋，福建福州黄昇墓
出土

◀ 图 48　褐色芙
蓉花罗夹衣花卉纹
印花花边（局部）
纹样复原

▲ 图 49　蝶恋芍药纹印花花边（局部）
南宋，福建福州黄昇墓出土

▲ 图 50　蝶恋芍药纹印花花边（局部）纹样复原

▲ 图 51　镂空刷印卷草纹花边（局部）
南宋，福建福州黄昇墓出土

▲ 图 52　镂空刷印卷草纹花边（局部）纹样复原

2. 男性服饰上的植物纹

南宋男性服饰上的植物纹样题材来源丰富且组合多样，常用图案化和几何化表现手法，相比以写生化为主的女服，纹样风格更清淡质朴。亦有极富装饰性的花内填花、叶内填花及缠枝花卉璎珞等纹样。史嵩之墓和赵伯沄墓出土服饰上新颖纹样多，不仅限于植物纹。官阶不高的徐谓礼的陪葬服饰规格与其身份相应，纹样大都无奇。周瑀墓出土的丝绸上，有相对于其他墓葬而言比例较高的几何纹。周瑀为南宋太学生，卒年二十八岁，与其他宋代墓葬的墓主人相比，他的身份略有不同，是青年文人。由此也可窥见饰有几何纹的丝绸在宋代文人中的接受度，这与现当代情况类似。南宋男性社会地位、年龄与服饰纹样的关联，于此也可知微见著。

赵伯沄墓出土织物上的重莲纹（图53、图54、图55），纹样单元中以纹理清新的两朵侧视状莲花为主题，各辅以带有翻转细节的俯视状荷叶和半侧视状荷叶，相对穿插，其间枝蔓若隐若现，并以四瓣朵花作为宾花间饰。各纹样元素均左右对称，经图案化处理后，既不写实也不夸张。与新疆阿拉尔出土北宋织锦上的喜相逢式重莲团花纹相比，其沿纵向线的骨架排列浪漫而新颖。

▲ 图 53　交领重莲纹花纱袍
南宋，浙江黄岩赵伯沄墓出土

▲ 图 54　交领重莲纹花纱袍（局部）
南宋，浙江黄岩赵伯沄墓出土

▲ 图 55　交领重莲纹花纱袍纹样复原

　　赵伯沄墓出土绫织物上缠枝葡萄纹（图 56）为写实风格，整体构图以及对细节的描绘不再带有程式化色彩，而与南宋画家林椿所作《葡萄草虫图》有异曲同工之妙。唐代著名的"陵阳公样"也包括出土自青海都兰的"吉"字葡萄中窠立凤纹锦上的纹样，该纹样中一枝蔓藤卷曲成环状，环内搭配叶和果实，数个环状联成团形，可视为程式化构图。赵伯沄墓出土绫织物上缠枝葡萄纹整体以葡萄蔓藤为基础，呈缠枝式排列，纹样单元中包含五片不同视角下的叶片和两串造型不同的果实，蔓藤果叶浑然天成。叶片轮廓线条流畅，叶脉纹路精细清晰，果实布局疏密得当，枝蔓上的卷须曲度合理、随意。宋代果实纹不多见，美国大都会艺术博物馆收藏有宋代婴童缠枝花果纹绫，果实为石榴（图 57）。

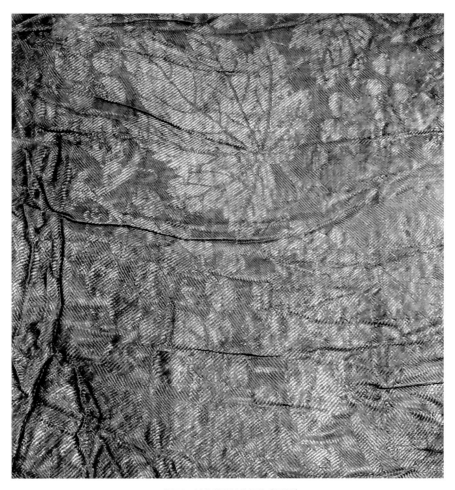

▲图56 缠枝葡萄纹绫织物（局部）
南宋，浙江黄岩赵伯沄墓出土

▲图 57　婴童缠枝花果纹绫残片
宋代

（四）基于织物肌理的纹样风格

中华书局 1999 年出版唐圭璋先生编纂的《全宋词》，共收录 1330 余位宋代词人的词作约 2 万首。通过研读和摘抄，发现其中所提到的丝绸种类及其成品中纱和罗所占比重很大，有：纱衫子、夹纱半袖、纱裙、纱巾、纱帽、纱帕子、夹纱团扇；罗衣、罗裳、罗衫、罗袄、罗襦、罗裙、罗襟、罗袖、罗袂、罗额、罗巾、罗帕、罗领抹、罗绶、罗带、罗扇、罗团扇、罗囊、罗袜、罗靸、罗鞋；纱帷、纱帐；罗帏、罗幌、罗幕、罗屏、罗帐、罗荐、罗被、罗衾。特别是对罗的描述，集中在"轻"和"花"二字上。结合丝绸实物来看，这"花"中便数"花花草草"中的"花"占了绝大多数。

纱和罗都是绞经织物，顾名思义就是经线分为地经和绞经，绞经会围绕地经扭转形成特殊结构的织物。古代文学作品中所说的纱和罗与组织结构学中的纱和罗不一定完全对应。绞经织物在宋代发展定型，并且开始广泛流行。这类织物表面呈现清晰纱孔，质地稀薄透亮，比起普通的平经织物而言，带有条纹、孔隙等效应且轻薄透气，具有特殊的视觉效果和触感，辨识度高，是我国传统丝织珍品。

以经纬同色的暗花织物表现植物花叶纹为例，图 58 为平经丝织物绫，花部和地部同样致密，只是色调有别；图 59 为二经绞提花纱，图 60 为三经绞提花纱，图 61 为四经绞和二经绞互为花地的花罗。图 62、图 63、图 64 所示二经绞织物组织结构的感官效果依次为地部相对紧致且有纵向空路，花部相对疏松、色泽上地亮花暗，质地上地花松紧趋同。相比绫织物和三经绞提花纱，二经绞织物花地边界没有那么清晰、织物隐约有纵向条路、花地均有孔隙、地部孔隙较大、花部孔隙较小。不同的肌理效果与纱线规格、经纬密度等结构参数相关，但最重要的影响因素还是织物组织结构的差异。从微观角度了解织物组织之后，各种纱和罗的肌理所造成的不同艺术风格就不难理解了。

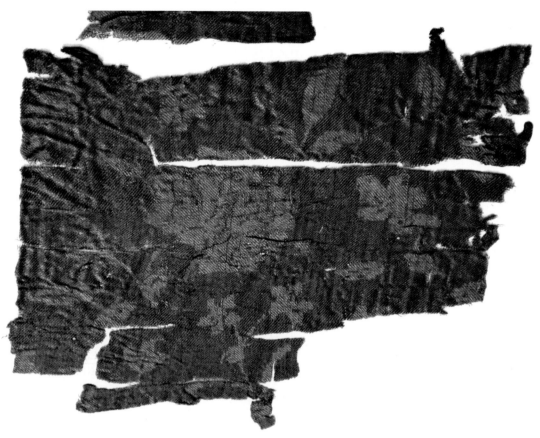

▲图58 花卉纹绫（局部）
南宋，浙江余姚史嵩之墓出土

▶ 图 59　花卉纹二经绞提花纱（局部）
北宋，江苏南京长干寺地宫出土

▶ 图 60　花卉纹三经绞提花纱（局部）
南宋，浙江余姚史嵩之墓出土

▲图61 花卉纹提花罗（局部）
南宋，浙江余姚史嵩之墓出土

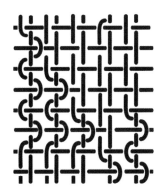

▲ 图 62　二经绞地平纹提花纱
组织结构局部示意

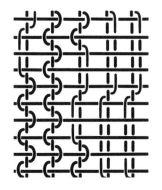

▲ 图 63　一顺绞二经绞地浮纬提花纱
组织结构局部示意

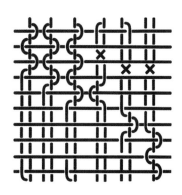

▲ 图 64　对称绞二经绞地浮纬提花纱
组织结构局部示意

　　宋代考古发现有丝织品出土的墓葬遗址相对其他朝代较少，但几乎所有丝织品中都有绞经花纱和花罗。与前后朝代的绞经提花织物相比，宋代的绞经提花织物主要有几种具有时代特征的类型。有固定绞组的品种有如下 6 种：品种 1 称为"二经绞地平纹提花纱"（图 62），为二经绞地上以 1 上 1 下平纹显花；品种 2 称为"一顺绞二经绞地浮纬提花纱"（图 63），为二经绞地上以浮纬显花；品种 3 称为"对称绞二经绞地浮纬提花纱"（图 64），与品种 2 相同，为二经绞地上以浮纬显花；品种 4 称为"三经绞地平纹提花纱"（图 65），为三经绞地上以平纹显花；品种 5 称为"三经绞地斜纹提花纱"（图 66），为三经绞地上以三枚斜纹显花；品种 6 称为"三经绞地隐纹提花纱"（图 67），为三经绞地上以单根经线显花。无固定绞组的主要品种为四经绞和二经绞互为花地组织，这是正宗的提花罗，越厚重越贵重（图 68、图 69）。由于无固定绞组织物织造难度很大，这类丝绸品种最终于元末明初不再流行。

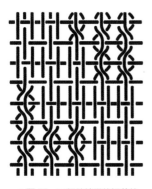

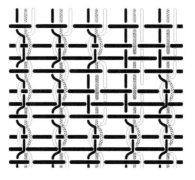

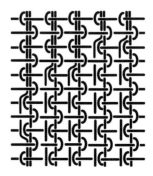

▲图 65　三经绞地平纹提花纱
组织结构局部示意

▲图 66　三经绞地斜纹提花纱
组织结构局部示意

▲图 67　三经绞地隐纹提花纱
组织结构局部示意

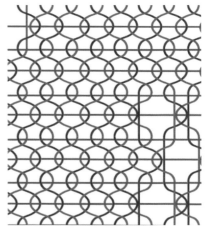

▲图 68　花卉纹提花罗组织结构（细部）
南宋，浙江余姚史嵩之墓出土

▲图 69　四经绞和二经绞互为花地提花罗
组织结构局部示意

从南宋《耕织图》中装有绞综的花楼机形象可知，当时织造绞经花纱所用的基本机具为加装有对偶式绞综的花楼机。宋代的花楼机，其机身前半部呈微倾状态，可使打纬省力，采用双经轴装置将织缩率不同的地经和绞经分别卷绕。最具宋代特色的是三经绞地隐纹提花纱、平纹提花纱、斜纹提花纱，根据图60的视觉效果推测，三经绞纱织物也符合陆游对于纱"轻""举之若无，裁以为衣，真若烟霞"的描述。黄昇墓出土的深烟色牡丹花纱背心面料为三经绞斜纹提花纱，花纹主题为牡丹花等，花纹大小在经向上为39厘米，结合背心图像（图70）及背心尺寸可以推算，面料花纹在纬向上大于22厘米[①]。三经绞地提花织物所表现的花纹都是牡丹这样的大花卉或者多种花卉的组合，而且花纹的尺寸很大。以当时普通织物的幅宽多为50—60厘米推测，这类型织物上的花纹很可能只在纬向上重复两次。从背心的裁剪方法来看，后片的拼花对位准确衔接，前片的一幅两花面料在左片、右片上呈完整纹样的对称；前片的排料与缝制和宋代女服对襟直领样式配合得天衣无缝，也可谓中国传统服饰对称美的典范之作。

---

① 福建省博物馆.福州南宋黄昇墓.北京：文物出版社，1982：55-57,76，图版6.

▲ 图 70　牡丹花纱背心（三经绞斜纹花纱）
南宋，福建福州黄昇墓出土

（五）植物纹样的变迁

宋代植物纹样主要有抽象风格和写实风格两类，北宋时期前者居多，南宋时期几乎都为后者。

北宋时期，整体纹样风格较为朴素简洁，在植物纹样上也呈现出花卉几何化的趋势。这在前文中所介绍的菊花、莲花等主题上都得到体现，最典型的是柿蒂花，经过抽象处理之后，形态上已很难看出原型（图71）。图72为根据南京北宋长干寺地宫出土织物上的柿蒂花纹样局部所绘制的复原图，纹样元素在上下左右方向均体现对称美，类似风格的纹样在相近时期的辽织物中也常有出现。

南宋时期缠枝花卉纹样较为常见，具有代表性的是余姚史嵩之墓缠枝花卉纹花绫，纹样中花头较小，几与叶同，可辨认的有菊花、牡丹等（图73）。折枝花卉纹样造型更加生动活泼，中国丝绸博物馆收藏的一件德安周氏墓出土折枝花绫上的折枝花卉纹样呈二二错排，其中一行花头向左、一行花头向右，间隔排列（图74、图75）。宋代小折枝花卉是盛唐以后"燕衔小折枝"一类小清新题材的延续，在提花织物和印绘以及刺绣作品上都有发现。对纹样风格进行简单梳理，可发现：北宋时期以静态花卉为主，注重纹样的总体构架，如花、叶的组合和布局，略显程式化和呆板；南宋时期注重姿态表达，并且折枝花卉分为明折枝和藏折枝两种。明折枝花卉最流行，如图76所示；藏折枝花卉可见生色折枝花的整个造型，对枝条处理很高明，时隐时现，亦真亦幻，更添生趣，如图77所示。

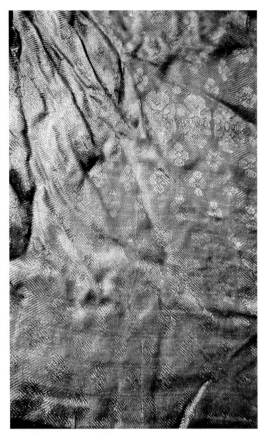

▲ 图 71 柿蒂花绫（局部）
北宋，江苏南京长干寺地宫出土

▲ 图 72 柿蒂花绫（局部）纹样复原

▲图73 缠枝花卉纹花绫（局部）
南宋，浙江余姚史嵩之墓出土

◀图 74　折枝花绫（局部）
南宋，江西德安周氏墓出土

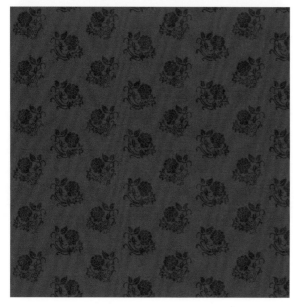

◀图 75　折枝花绫（局部）纹样复原

▶ 图76　纱织物上小折枝花（明折枝）纹样复原
南宋，原件浙江余姚史嵩之墓出土

▶ 图77　纱织物上小折枝花（藏折枝）纹样复原
南宋，原件浙江余姚史嵩之墓出土

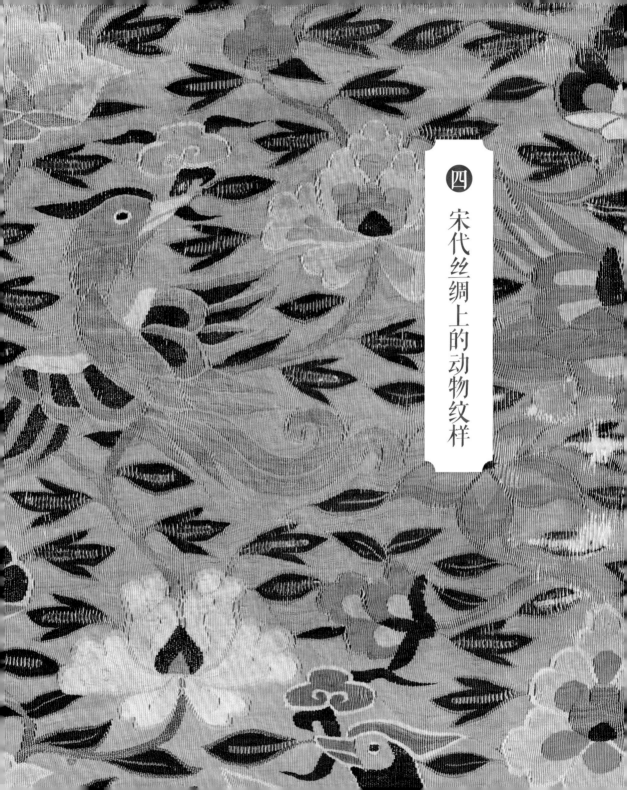

四

宋代丝绸上的动物纹样

中 国 历 代 丝 绸 艺 术

（一）禽类纹

宋代丝绸上的花草纹多与禽鸟纹、昆虫纹等小型动物纹组合，清新怡然。赵伯沄墓出土服饰上有绣球梅鹊纹样，德安周氏墓出土纱罗裙上有缠枝叶和小型鸟类（鸾、鹊）纹样（图78，图79）。

战国时期铜鼎上已有梅花纹，造型天然简单，通常被抽象为五六瓣朵花。宋代染织物上出现带枝梅花，如沈子蕃缂丝《梅鹊图》等。其绣球梅鹊纹样单元中，斜横着带有朵花和叶的梅花枝，两只喜鹊一呈展翅飞翔状，一呈收翅将歇状，动静相宜；空白处再填入梅朵、梅叶以及绣球等，绰约多姿。这类组合纹样如后来山东元代李裕庵墓出土的梅鹊方补，暗喻喜上眉梢。

形象接近凤的小型瑞鸟鸾时常和鹊组合在一起，这是当时著名的宋锦纹样。这种鸾鹊组合纹样亦称卷叶相思鸟，树枝构图呈涡旋状，一根树枝上饰有数片大小不同的树叶，姿态不一；每根树枝根部与两根树枝之间的空隙处都饰有鸾、鹊。图79中位于右上方的长尾的是鸾，位于中心的短尾的是鹊。

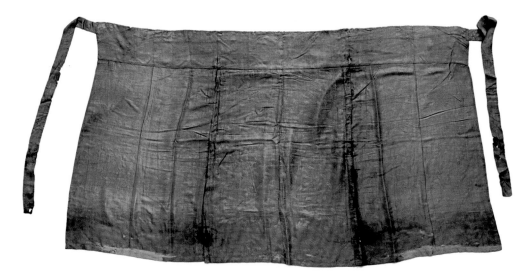

▲ 图 78　鸾鹊缠枝叶纹纱罗裙
南宋，江西德安周氏墓出土

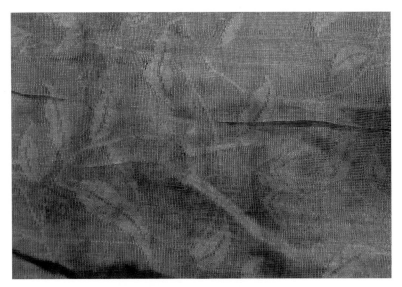

▲ 图 79　鸾鹊缠枝叶纹纱罗裙纹样（细部）

目前可以看到鸾鹊形象的还有美国大都会艺术博物馆收藏的宋代金地缂丝鸾鹊，织物中的飞鸾尾羽呈卷草状，鹊成对出现，鹊头相对，各口衔灵芝（图80）。

▲ 图80 金地缂丝鸾鹊（局部）
宋代

（二）兽类纹

兽类纹样在宋代丝绸上偶有出现。中国丝绸博物馆收藏有宋代蓝地对鹿纹锦（图81），以蓝色为地，纹样的中轴线处为一朵直立生长的大花，开得非常饱满。在大花的两侧又各长出几片卷曲的叶片以及几朵小花，围出了整个纹样滴珠状的外形。花下，两只鹿相对而卧，可能是梅花鹿，鹿首微昂，前足微微抬起。

中国最早有狮子的记载的是《汉书·西域传赞》："……自是之后，明珠、文甲、通犀、翠羽之珍盈于后宫，蒲梢、龙文、鱼目、汗血之马充于黄门，巨象、师子、猛犬、大雀之群食于外囿。殊方异物，四面而至。"[1] 狮子是丝绸之路开通之后西域进献的，是寓意祥瑞的兽类。17世纪比利时人南怀仁用汉语编写的地理书《坤舆图说》中对狮的描述为"掷以球，则腾跳转弄不息"。这也许就是狮子形象常常和滚绣球的游戏相搭配的原因。

宋代丝织品上著名的狮子形象有湖南衡阳何家皂一号墓出土北宋棕色"富"字狮子戏珠藤花绫上的狮子，虽然织物残破，仍可见狮子瞠目结舌，表情乖张（图82）。丝织品上的狮纹还见于北宋时期缂丝《狮嬉图》：狮子在花叶丛中行走，体型圆润，正迈开一只前腿，非常可爱（图83[2]）。

---

① 转引自：李仲元.中国狮子造型源流初探.社会科学辑刊，1980（1）：108.
② 图片来源：包铭新，赵丰.中国织绣鉴赏与收藏.上海：上海书店出版社，1997：图69.

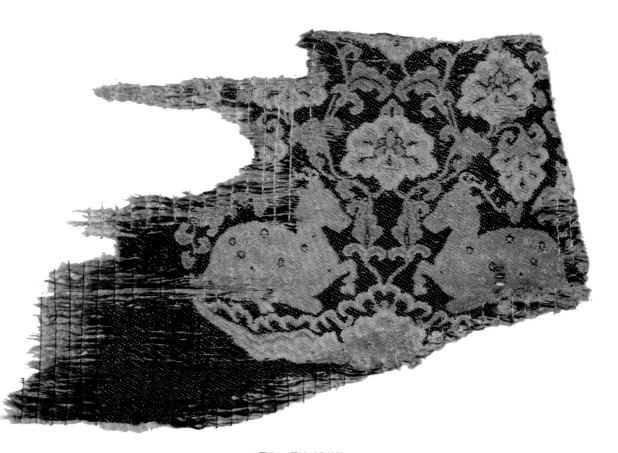

▲ 图 81 蓝地对鹿纹锦
宋代

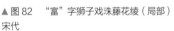

▲ 图 82 "富"字狮子戏珠藤花绫（局部）
宋代

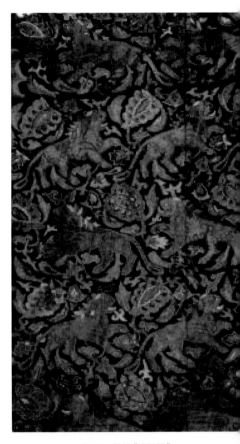

▲ 图 83 缂丝《狮嬉图》
北宋

　　黄昇墓出土丝织品的花边上也发现了狮子滚绣球的各种动态形象，虽然对狮子表现的技法有点幼稚，但总体可以看出想要表达狮子活泼好动的性格特征（图 84[①]）。

---

① 图片来源：福建省博物馆 . 福州南宋黄昇墓 . 北京：文物出版社，1982：123.

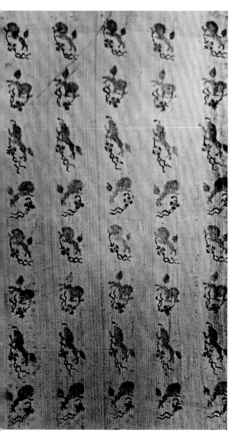

▲图 84　狮子戏球花边纹样复原
南宋，福建福州黄昇墓出土

▲图 85　双虎纹印花绢
南宋，福建福州黄昇墓出土

　　虎纹是比较少见的，但黄昇墓出土了一件双虎纹印花绢。纹样单元由一上一下两只站姿不同的老虎组成，大致为二二错排形式，相邻行和相邻列纹样方向相反（图 85）。由于纹样规格较小，没有虎的面部和斑纹的体现。

（三）昆虫纹

宋代暗花丝织物中有一种穿花动物组合纹样，多采用缠枝花卉纹作为骨架，然后其中置以动物，这样的图案带有强烈的中国风格。[①] 图 86 中的双蝶恋菊纹样单元中，一朵盛开的菊花置于花枝一端，花瓣为 3/4 侧视状，花蕊为侧视状，枝上生枝再以花蕾和卷叶为点缀，安花巧密；一只正面视角和一只侧面视角的花蝴蝶缠绵成双，成为点睛之笔。前文中所说的卷叶相思鸟也属于穿花动物组合纹样，但要论意境，双蝶恋菊更胜一筹。

昆虫类主题从宋代开始渐渐多见，有蝴蝶、蜻蜓、蜜蜂等，蝴蝶因为身体上的天然花斑以及带有天然优美曲线的翅膀，更富有装饰性。福州茶园山宋墓出土的蝶形银饰，用略带夸张的弧线和卷曲强调触角的存在，并着墨于蝴蝶的斑纹。蝴蝶还常常以不同视角效果成对出现。

---

① 赵丰.中国丝绸艺术史.北京：文物出版社，2005：174.

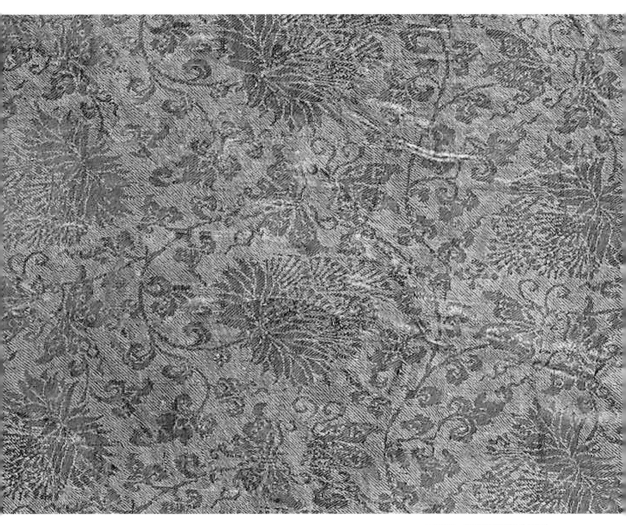

▲ 图 86　双蝶恋菊纹绫（局部）
南宋，浙江黄岩赵伯沄墓出土

（四）龙凤纹

北宋美术理论家郭若虚在《图画见闻志》中比较完整地指出了画龙的"三停九似"说。画龙者"析出三停：自首至膊，膊至腰，腰至尾也。分成九似：角似鹿，头似驼，眼似鬼，项似蛇，腹似蜃，鳞似鱼，爪似鹰，掌似虎，耳似牛"[①]。宋代对龙纹的使用非常严格，《宋史·與服志》中规定皇帝使用五爪龙，亲王使用四爪蟒，亲王以下不得使用。尽管如此，民间也时常有龙纹出现，究其原因，许是宋代佛教、道教日益世俗化，龙文化的世俗性也随之进一步加强了。[②] 相对其他工艺品而言，纺织品上出现龙纹的频率较低。"民间美术、民间工艺品中的龙纹，与所谓'正统'的'真龙'不同，无论在题材的内容和表现形式上，都别具一格。"[③] 比如在长干寺地宫出土的印绘丝织品上有团龙的造型，其一面容柔和，亲切可人（图87、图88），另一体型健硕，实为三爪（图89、图90），与著名的宋徽宗赵佶的《雪江归棹图》包首金地缂丝百花攒龙中的行龙形象相比，没有那么威严。周氏墓也出土有小团龙纹织物，可惜造型不太清晰。

---

① 郭若虚.图画见闻志.杭州：浙江人民美术出版社，2013：22.

② 姚远.中国传统龙纹的图像与符号学意义研究.南京：南京师范大学硕士学位论文，2006：39.

③ 濮安国，袁振洪.龙图400例.北京：轻工业出版社，1988：5.

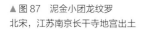
▲ 图 87　泥金小团龙纹罗
北宋，江苏南京长干寺地宫出土

▶ 图 88　泥金小团龙纹罗纹样复原

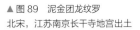

▲ 图 89　泥金团龙纹罗
北宋，江苏南京长干寺地宫出土

▶ 图 90　泥金团龙纹罗团龙纹（细部）

"凤纹是历代先民依据自然审美与想象，综合各种鸟兽美的局部，对凤凰形象艺术加工塑造而来的各种装饰纹样的统称。"[①]在古籍的记录中凤为群鸟之首，在古代被尊为鸟中之王，是祥瑞的象征。到了宋代，凤凰的造型从唐代的肥硕健壮变成苗条纤细，已基本定下了比较写实、清新秀丽的生动形象，表现为鹦鹉的嘴、锦鸡的头、鸳鸯的身、仙鹤的足、大鹏的翅膀和孔雀的羽毛等，显得绚丽多彩。[②]

根据《营造法式》书中图像，宋代将飘带状尾的称为鸾，而把卷草状和孔雀羽状尾的称为凤。[③] 宋代丝绸上较多单独出现的是鸾而不是凤：凤纹类似龙纹，不能随处使用。凤的形象来自鸾凤组合，如收藏在台北故宫博物院的《宋孝宗诗贴》册页中有一凤一鸾的造型，此件织物原名为云凤鸟纹绫，头戴云状高冠的无疑是凤，飞凤双翅展开，五条锯齿状长尾羽飘向一侧；而尾部如飘带般长且飘逸的，更有可能是鸾[④]（图91、图92）。再如黄昇墓中出土鸾凤花边，其纹样也是一凤一鸾（图93、图94）。

① 徐娟芳，张三元，董占勋. 传统服饰凤纹的文化构成及其典型度. 纺织学报，2013（7）：137.

② 徐华铛. 中国凤凰. 北京：轻工业出版社，1988：15.

③ 李诫.《营造法式》译解. 王海燕，注译. 武汉：华中科技大学出版社，2011：434.

④ 顾春华. 中国古代丝绸设计素材图系·装裱锦绫卷. 杭州：浙江大学出版社，2017：98.

▲ 图 91 《宋孝宗诗贴》
南宋

▲ 图 92 《宋孝宗诗贴》册页云凤鸟纹绫纹样复原
南宋

◄ 图 93 鸾凤花边纹样复原（局部）
南宋，原件福建福州黄昇墓出土

▲ 图 94 鸾凤花边纹样复原中的凤形象
南宋，原件福建福州黄昇墓出土

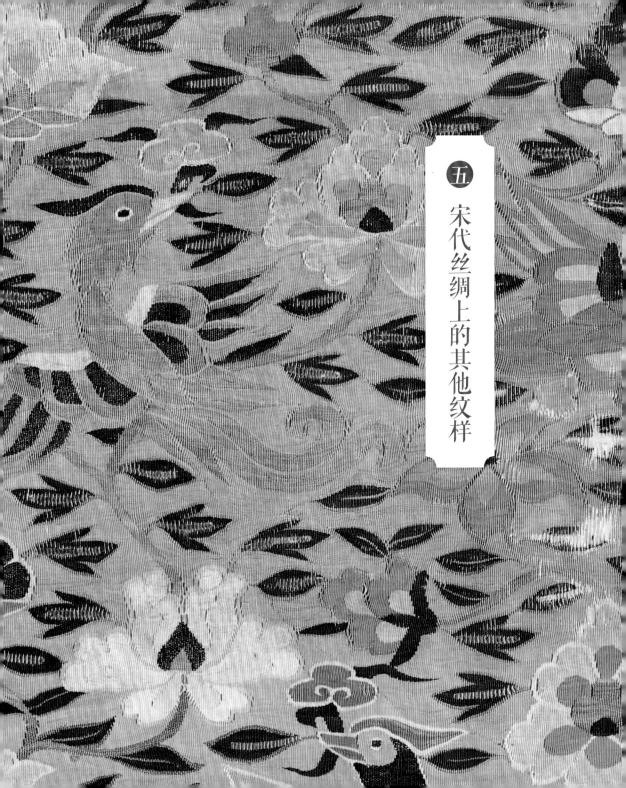

五

宋代丝绸上的其他纹样

中国历代丝绸艺术

（一）人物纹

染织品中的人物形象多为童子形象。镇江市宋代遗址曾出土了一批儿童泥塑像，背后有"吴郡包成祖""平江包成祖""平江孙荣"等戳记。[①] 宋人对孩童的珍爱，最突出地表现在儿童风俗画上，这也许是源于连年战争导致人口剧减而产生的情绪，也许是源自不堪"身丁绢"等苛捐杂税重负而杀子后的负罪感。织物上出现的童子形象大都是光头的男孩，置身于巨大的花叶或果实之中，或站，或坐，或荡秋千，但有个共同特点，就是手抓身旁的植物蔓藤，游戏其间，展现出小孩机灵好动的一面，非常可爱。

婴戏纹样在宋代十分流行，上至宫廷贵族，下至普通百姓，对此题材都非常喜爱。前文中所提及的美国大都会艺术博物馆所藏婴童缠枝花果纹绫上婴戏纹样呈中轴对称，以缠枝花卉作为主纹，两边各有缠枝果实纹，其间穿插童子纹样，童子身材矮胖，

---

① 刘兴.镇江市区出土的宋代苏州陶捏像.文物，1981（3）：68-69，图版三.

脸圆头大，显得憨态可掬，五官刻画清晰（图95）。衡阳何家皂墓出土牡丹葵花莲童绫残片中，果实为石榴、桃、莲蓬和佛手果，用手攀树枝、牡丹、葵花、莲花等的坐姿童子作为陪衬，纹样主次分明（图96）。辽宋时，还有将童子置身于果实之中的设计，果实为多籽的石榴（图97）。

▲ 图95　婴童缠枝花果纹绫（局部）纹样复原
宋代

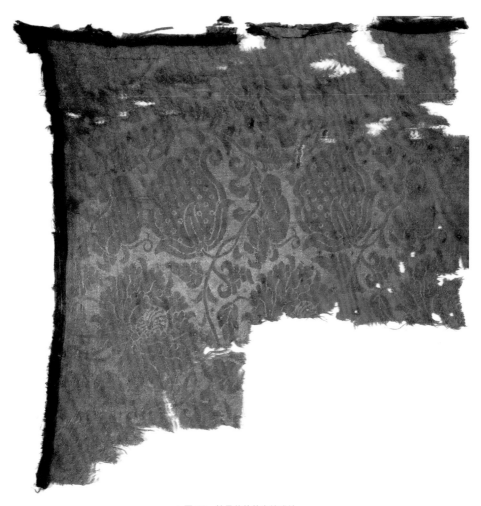

▲ 图 96　牡丹葵花莲童绫残片
北宋，湖南衡阳何家皂墓出土

▲图 97　手绘石榴童子罗带
辽代

（二）器物纹

瓔珞原为古代印度佛像颈间的一种装饰，由世间众宝所成，寓意为"无量光明"。在敦煌的泥塑造像中，常见精美绝伦的瓔珞装饰。瓔珞纹样在宋代器物纹中的流行跟宋代大举推行佛教的举措有一定关系。

球路流苏组合可理解为宋代特别是北宋常见的瓔珞纹样。长干寺地宫出土描金折枝花纹与球路流苏纹罗（图98、图99）上，两种纹样二二错开排列；球路流苏纹与宋代绘画中常看到的流苏线球一脉相承，如白沙一号宋墓壁画中的流苏线球、流苏，日本大阪山中商会所藏宋画中的流苏等。

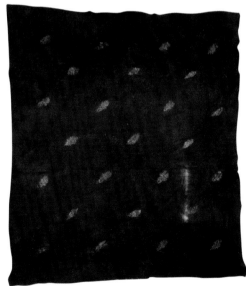

▲ 图 98　描金折枝花纹与球路流苏纹罗
北宋，南京长干寺地宫出土

▲ 图 99　描金折枝花纹与球路流苏
纹罗上的描金球路流苏纹（细部）

　　花草纹与器物纹中璎珞纹的组合最为多见，在南宋似乎广泛流行于服饰中。从史嵩之墓出土织物上的缠枝花卉璎珞纹可见，纹样呈 S 形波状骨架排列，纹样不完全对称，花繁叶茂，生动活泼，璎珞精工细作，高挂枝头，如沐春风。类似的纹样在黄昇墓和周氏墓出土丝绸上都有发现（图 100、图 101、图 102）。纹样表现工艺不仅有提花，还有印绘；纹样形式不仅有四方连续，还有二方连续（图 103、图 104、图 105、图 106）。

▲图 100　纱织物上缠枝山茶璎珞纹纹样复原
南宋，原件江西德安周氏墓出土

▶ 图 101　绫织物上花卉璎珞纹纹样复原
南宋，江西德安周氏墓出土

◀图 102　梅花璎珞纹绫（局部）
南宋，福建福州黄昇墓出土

从左至右：

▲ 图 103　彩绘蝶恋芍药花边（璎珞纹一）线描纹样复原
南宋，原件福建福州黄昇墓出土

▲ 图 104　彩绘蝶恋芍药花边（璎珞纹二）线描纹样复原
南宋，原件福建福州黄昇墓出土

▲ 图 105　彩绘芍药璎珞纹花边（璎珞纹一）线描纹样复原
南宋，原件福建福州黄昇墓出土

▲ 图 106　彩绘芍药璎珞纹花边（璎珞纹二）线描纹样复原
南宋，原件福建福州黄昇墓出土

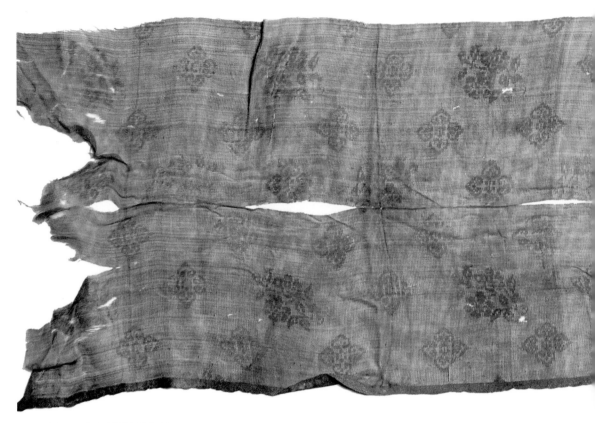

▲图 107　如意山茶纹提花纱残片
南宋，江西德安周氏墓出土

　　花草纹与杂宝中的如意纹的组合也很普遍。德安周氏墓出土了如意山茶纹提花纱，山茶花卉造型为斜横带叶花枝，如意纹为四合如意，造型优美（图107）。赵伯沄墓出土提花绉上的花卉方胜如意纹（图108）别具匠心。其纹样呈格子骨架，方胜在经纬向上都近8厘米，四边饰以带枝叶的不明花束，形态各异，以团形小几何花纹作为宾花，不像同期同类组合大都是散点排列的小型纹样，这与辽代耶律羽之墓出土丝绸上的两个方胜动物纹构图更相近，充满异族风情。黄昇墓出土丝绸中还有四合如意为主的纹样组合，比如与几何纹搭配（图109）；四合如意纹以45度倾斜为常见形态，少有正向形态（图110）。

◀图 108　花卉方胜如意提花绸
南宋，浙江黄岩赵伯沄墓出土

▶图 109　绮织物上四合如意"米"字纹（局部）纹样复原
南宋，原件福建福州黄昇墓出土

▶图 110　罗织物上四合如意（局部）纹样复原
南宋，原件福建福州黄昇墓出土

（三）天象纹

天象纹样中以云气纹为主。"就艺术形态学而言，云纹是一种极具中华文化特色和民族气派，颇为抽象化、程式化的传统装饰纹样或纹样类型。"[1] 朵云，为云的元素的组合，呈现为单朵的形式。[2] "小朵云是指由一个云头和云尾组成，或只有云头，或只有云尾的单朵形态。云头从形态上看，有单勾卷和双勾卷两种样式，其中有的云头卷曲呈如意状，形态较为规则；有的为不同程度的涡纹曲线，样式较为散漫、写意。"[3] 南京北宋长干寺地宫出土丝绸上就有呈涡旋曲线的云纹（图 111）。宋代较为流行的还有如意云纹，造型往往以七个如意状云头的朵云和小朵云为一个单位，组成一丛云的形态，看起来瑞气缭绕（图 112）。

---

① 徐雯.中国云纹装饰.南宁：广西美术出版社，2000：4.

② 王业宏.清代前期龙袍研究（1616—1766）.上海：东华大学博士学位论文，2010：207.

③ 顾春华.中国古书画装裱丝绸研究.上海：东华大学博士学位论文，2015：107.

▶ 图 111　泥金团龙纹罗（局部）
北宋，江苏南京长干寺地宫出土

▶ 图 112　如意云纹花罗残片（局部）
南宋，浙江余姚史嵩之墓出土

（四）文字纹

中国丝绸史上曾经出现过文字纹样的风潮，这股风潮大约从汉代开始。常见的文字纹样是一些左右对称且带有吉祥含义的文字，通常用提花工艺显花，在著名的汉式经锦上常见。衡阳何家皂北宋墓出土的"富"字狮子戏珠藤花绫中的"富"字好似这种传统的遗风。宋代丝绸上所见文字纹样，比较集中地出现在南京北宋长干寺地宫出土的用双面绣、泥金等工艺装饰的丝绸上，出现的文字依然是具有吉祥含义或雅致寓意的字样，如"永""如""松""竹"（图113、图114）。刺绣技艺、泥金技艺具有不便复制性，文字纹也不再受限于对称纹样，一些笔画较多的复杂文字和回味悠长的诗文也成为纹样主题。如前文中的南京北宋长干寺地宫出土的泥金小团龙纹罗（图87）四个角上的小团花纹为配合小团龙纹的文字纹，字样为"千""秋""万""岁"（图115）。另有一件双面刺绣，内容为杜牧七绝《赠终南兰若僧》，在诗文的上、下、右、左方向还饰有"永""保""千""春"，共32字（图116），字体工整，充满生活气息。结合南京北宋长干寺地宫出土的其他丝绸上的墨书发愿文，以及部分丝绸为用作供奉香料的包裹布等情况，不难理解字里行间所表达的当时人们对佛教的虔诚、对佛祖的敬畏之情以及对美好生活的向往。

▲图 113 "永如松竹"双面刺绣绢巾
北宋，江苏南京长干寺地宫出土

▶图 114 "永如松竹"双面刺绣绢巾
纹样复原

▲图115 泥金小团龙纹罗上的"千秋万岁"团花纹样复原
北宋，原件江苏南京长干寺地宫出土

▲图116 杜牧《赠终南兰若僧》诗文双面刺绣绢巾
北宋，江苏南京长干寺地宫出土

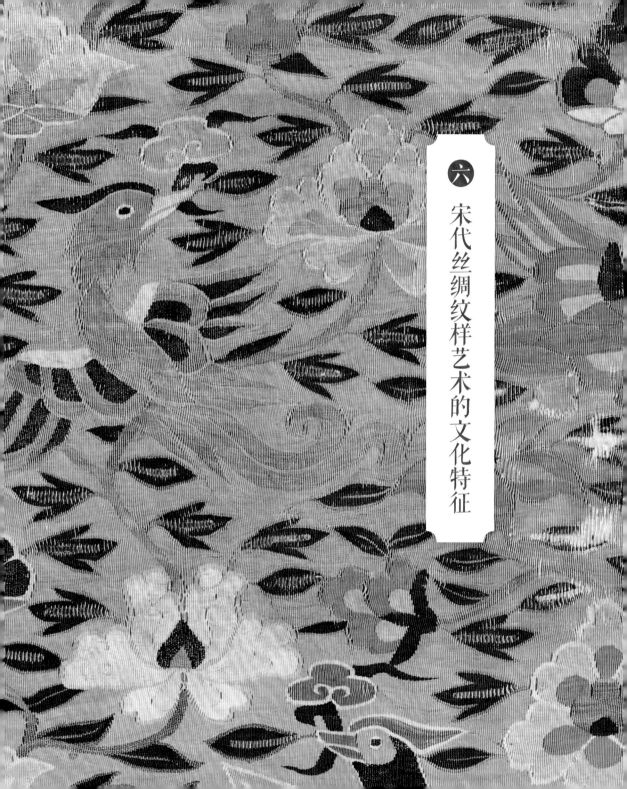

六

宋代丝绸纹样艺术的文化特征

中国历代丝绸艺术

宋代画学的突出成就受益于当时的思想文化，尤其是以理学面目出现的儒家文化的复兴。宋代以"《孟子》升经"为贡献的儒学复兴激发了义理之学的兴盛，中国传统主流思想焕发出全新生命力，反映到工艺美学品格上，杭间将其概括为"理、典雅、平易、质朴、清淡、严谨、含蓄"，其中"理""深深地烙上了宋代理学思想的烙印"。[1]

"中国相对封闭的自然环境，使我们难以大规模地与外域文化发生交流，但这种封闭在古代曾经有限地被突破，中外文化和装饰艺术交流也曾出现过高潮。然而，在中原传统文化强大的惯性面前，外域文化往往被吸收和融合，中国装饰艺术的发展最终会回到既定轨道中来。"[2]

---

[1] 杭间.中国工艺美学史.北京：人民美术出版社，2007：100.
[2] 诸葛铠.论中国装饰艺术独立发展的基础.南京艺术学院学报（美术与设计版），2009（6）：45.

（一）几何纹样的精确规范

宋代装饰艺术发展趋势中的折回离不开上升到思想高度的理论指导。在理学文治的宋代，规范性为入世首要准则。宋时的道德文章中不乏论及工匠的诗文，诸如范仲淹作《制器尚象赋》、陈襄作《百工由圣人作赋》等，在当时都可视为设计批评兼设计教育，文以载道而又道先于文。欧阳修在《大匠诲人以规矩赋》中以"匠之心也，本乎天巧；工之事也，作于圣人"[①]强调良匠必须智慧超绝，手艺高超。这一命题原本出自《孟子·告子上》中的"大匠诲人必以规矩"。欧阳修文中言"道或相营，引圆生方生而作谕"，辞微旨远，"是知直在其中者谓之矩，曲尽其妙者本乎规"，从遵照制度，效仿模范，使用规矩、准绳等工具制作方圆引申开去，用传统经典文本中的精义妙理以指导现实现世的形而下范畴的造物行为。"然工艺以斯下，俾后来之可师"，社会希望工匠的技艺能够长久地流传下去，同时要求工匠具备遵守规范的职业道德。

由于理学思想在审美取向上的重道轻器之本质，宋代的百工设计基本表现出平和、实用的艺术个性。严羽对当时的文学艺术有过客观概括，"本朝人尚理而病于意兴"[②]。缺少热情和兴致的造作难免有些索然寡味，但对于宋时几何纹样的蔚然成风却是难得的机遇。格律谨严的几何纹须依靠规矩工具创作，造型清新

---

① 欧阳修.欧阳修全集（第三册）.李逸安，点校.北京：中华书局，2001：857.
② 转引自：何文焕.历代诗话.北京：中华书局，2004：696.

的简洁元素经由毁方破圆的过程实现势能转化，形的直观中蕴含并显现出数的精确，达到刚柔相济的境界。

（二）植物纹样的天然尚真

　　按照里格尔《风格问题——装饰艺术史的基础》的观点，"最初的植物图案很可能是出于其象征的、代表的意义才创造的"[①]，植物要作为文明早期的装饰母题必须具备的条件是，在特定的文明中这种植物本身具备很强的象征性。要将植物表现为装饰主题，需要较成熟的风格化手法，才能将植物纳入装饰的规律中。里格尔的论述原本主要以古埃及植物纹样为例，但在东方，这一观点同样适用。植物在厚重的中国文化中也是具有强大艺术潜能的母题。中国文化把对植物的重视保存下来，被视为中国文化源头的诗集《诗经》中有 200 处左右提及草木，所叙述的很多故事都与某种草木存在着某种性、情上的共通，部分植物也成为后世中国植物装饰纹样以及花鸟画中常见的植物题材。[②]

　　成书于《宣和画谱》约 100 年后的《全芳备祖》可称为世界上最早的植物学辞典，它以宋时日常生活中常见的、栽培比较广泛的花卉园艺植物为关注对象，著录植物 150 余种。两书中所载的植物种类具有较大的一致性。《宣和画谱》的"花鸟门"大致

---

① 里格尔. 风格问题——装饰艺术史的基础. 刘景联，李薇蔓，译，邵宏，校. 长沙：湖南科学技术出版社，2000：29.
② 陈正俊.《诗经》中的植物与中国艺术思想的"自然"关系探析. 苏州大学学报（工科版），2003（3）：8-10.

可对应于《全芳备祖》的花部和果部，而《宣和画谱》的"蔬果门"则对应于《全芳备祖》的蔬部和果部。①《全芳备祖》为综合性植物谱录，主要集中记录了竹、牡丹、芍药、海棠、菊花、梅、荔枝等植物，其中形成专谱数量较多的植物，在《宣和画谱》中出现的频次均较高。②

"宋人善画，要以一'理'字为主，是殆受理学之暗示，惟其讲理，故尚真；惟其尚真，故重活；而气韵生动，机趣活泼之说，遂视为图画之玉律，卒以形成宋代讲神趣而不失物理之画风。"③从北宋到南宋，宋人对植物纹样的描绘，所体现出的是一种将现实中的植物形象先抽象化再自然化的趋势。

（三）动物纹样的虚实相映

宋代时，中国是全世界科技最发达的国家，宋人的精神面貌与早期崇尚巫术与神仙思想之人大不相同，因而宋代装饰艺术中各动物纹样主题所占比重相对于宋以前发生了明显的变化。

动物纹样有主题上的"虚"与形象上的"实"。主题包含以龙、凤（鸾）等为主的神兽、神鸟。民间丝绸上所见龙凤并不象征皇权威严，而是寄托祥瑞寓意。比如"九似"的宋龙的每一部分造型都以一种现实中存在的兽类的典型特征为参照，以其虚实结合

---

① 张钫.画者的博物学：基于《宣和画谱》的考察.南京艺术学院学报（美术与设计版），2017（4）：9-13，187.
② 久保辉幸.宋代植物"谱录"的综合研究.北京：中国科学院自然科学史研究所博士论文，2010：99.
③ 郑昶.中国画学全史.上海：上海书画出版社，1985：235.

的固定模式为明清龙凤纹的鼎盛奠定基础。

北宋郭若虚在评论唐宋绘画之区别时认为"若论佛道人物，士女牛马，则近不及古；若论山水林石，花竹禽鱼，则古不及近"。宋画描绘禽鱼的造诣远超描绘牛马。类似的，在以丝绸为代表的纺织品上，禽类和昆虫纹样主题的数量超过了兽类纹样主题，占到多数。狮、虎之类传统的富贵吉庆瑞兽纹样逐渐式微，一方面出现得越来越少，另一方面在形象上也摒弃高高在上的威严姿态，倾向于以俏皮娇憨的模样示人。

禽类纹样主题中又以身形娇小、举止活泼的小鸟儿为主。昆虫纹样中的蝴蝶、蜜蜂也是轻盈灵动的。"绘事之妙，多寓兴于此，与诗人相表里焉。"[①] 燕、雀、蜂、蝶飞舞于梢头花间的现实小景经图案化处理后跃然绸上，与宋代文人诗词中婉约秀丽的意境融会，又是另一种虚实相映。

（四）其他纹样的圣俗并重

"在我们的传统观念中，往往把佛、道乃至儒作为相对立的三家，但事实上，宋代与今人的观念完全不同，并非爱好佛教，就要否定儒、道二家，或倾向儒家就否定另外二家。"[②] 宋人的思想很开放，能将宗教世俗化，也不忌讳表现入世的功利心。

目前已知宋代丝绸上的文字纹样集中出现在南京北宋长干寺地宫出土文物中，这带有一定的偶然性。这批北宋丝织品的年代

① 佚名.宣和画谱.俞剑华，标点注译.北京：人民美术出版社，2017：239.
② 闫孟祥.宋代佛教史（上册）.北京：人民出版社，2013：前言4.

为"敬重佛法，兴隆三教"的宋真宗大中祥符时期。文字上的内容流露出当时所宣扬的"以佛治心"的人生观，特别是杜牧诗中的句典和事典，宋人在研读和领悟后挑选了这样一首意味深长的唐诗，仿佛要抒发的也是与杜牧成诗时相同的心情。

"卍"字纹作为辅助纹样出现的频率也较高，常与方胜、"米"字纹等几何纹组合在一起。"卍"字原本是佛陀三十二种大人相之一，表示吉祥功德，去神秘化之后的"卍"字纹并不具备实际的象征意义，更多地是为了赋予整个纹样平衡感和吉祥寓意。中国传统佛像中多见手持如意的形象，如意也是庄严、神圣的佛教符号。宋代丝绸上的如意纹多与其他纹样一起出现，呈散点构图，颇具装饰性。如意云纹组合则更多地体现出宋人偏爱典雅精致的审美格调的特点。璎珞，也作"缨络"，原为佛像之饰。宋代丝绸上出现了大量的璎珞纹，基本表现为璎珞挂在枝头的形式。这些璎珞造型中大都包含与绣球相似的元素，这也许跟宋代流行"球鞠之戏"有关。

宋代连年征战，宋人对于人丁兴旺的向往寄意于以儿童为主角的风俗画以及以婴童为主题的装饰纹样，这些都暗示着功利思想和世俗价值观对饮食生活方方面面的渗透。这样的风格总体上又是含蓄的，毕竟像汉唐时期那样巧用对称形文字直接表达吉祥含义的情况目前只在湖南衡阳何家皂一号墓出土的北宋棕色"富"字狮子戏珠藤花绫上出现过。

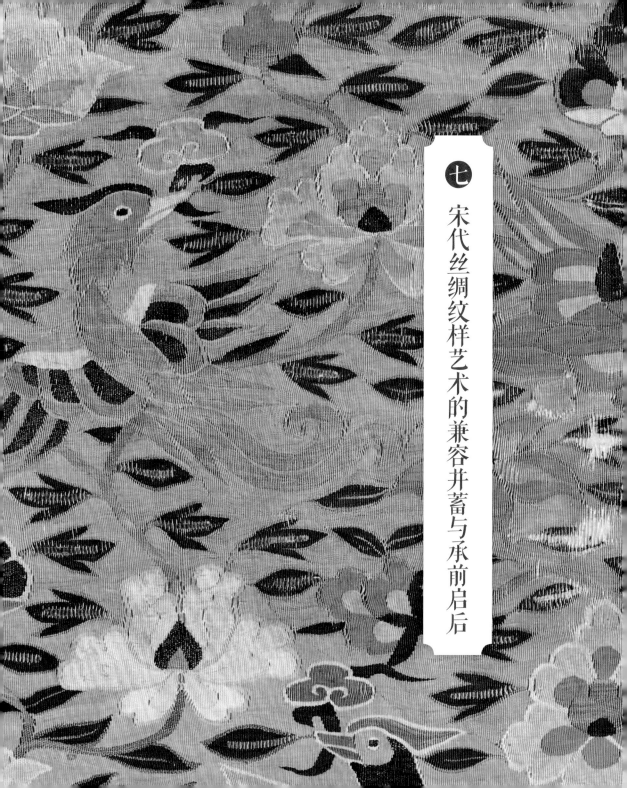

七

宋代丝绸纹样艺术的兼容并蓄与承前启后

中国历代丝绸艺术

多综多蹑机和小花楼提花机在唐代基本定型，宋人织造主要使用这两种生产效率高、适用品种广泛的机型。吸收西方纬线显花技术后的小花楼织机，也可被称为束综经纬循环提花机[1]，如图117。唐代著名的各式窠纹、宝相花等在经纬方向均得到循环，"无论是几边形，其团花纹样的骨架结构都是中心对称的'团'状"[2]，这类纹样设计得益于这种织机的完善。唐代富丽堂皇的宝花团窠、回旋团窠、对禽对兽纹样等元素多传给辽、金织物，或者说辽、金织物和宋代织锦。简单几何纹样、盛唐以后流行的清新折枝自然花卉、多姿的缠枝花卉等元素多传给宋代其他织物，因此在宋代的其他织物中少见对兽纹样，盛唐以后开始出现的小型花卉和简单几何纹对其影响则更深远。

《营造法式》中所说的"琐文"是宋代几何纹的缩影，琐文从丝绸上被借鉴到建筑上，在其他工艺美术品类上也经常能见到。

① 赵丰，屈志仁. 中国丝绸艺术. 北京：外文出版社，2012：277.
② 张春佳，刘元风，郑嵘. 几何分析法引出的有关文化群落的思考——以莫高窟第45、46窟壁画边饰团花为例浅谈敦煌纹样的特征识别. 艺术设计研究，2016（2）：75.

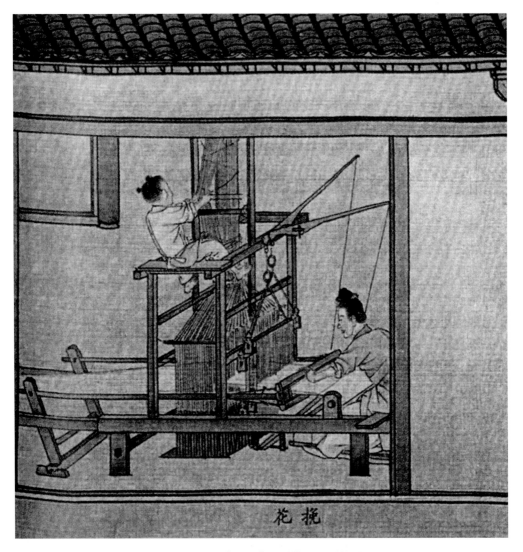

▲图117　吴注本《蚕织图》"挽花"中的小花楼织机
南宋

花卉题材与瑞禽结合的花鸟纹样配伍影响至元明清，此类纹样如德安周氏墓出土丝绸上的卷叶相思鸟、苏州虎丘云岩寺塔出土丝绸上的鸟衔花团等。包括山东邹县李裕庵墓出土的鹊栖胸背，以及河北隆化鸽子洞出土驼色地鸾凤串枝牡丹莲纹锦被面、被头在内的元代丝绸，都以此模式为基础。宋代兴起的婴戏纹成为明清"百子图"的雏形。宋代成熟的龙凤纹则成为明清龙凤纹的基准范式。

田自秉曾用下面一番评述来概括宋代工艺美术的特点以及与唐代的区别："宋代的工艺美术，具有典雅、平易的艺术风格。不论陶瓷、漆器、金工、家具等，都以朴质的造型取胜，很少有繁缛的装饰，使人感到一种清淡的美。和唐代相比，正好形成两种不同的特色。如果把唐代的工艺概括为'情'，宋代则可概括为'理'。唐代华丽，宋代幽雅。唐代开廓恢宏，宋代严谨含蓄，宋代是'一洗绮罗香泽之态，摆脱绸缪宛转之度'，从美学的角度看，它的艺术格调是高雅的。"[1]

宋代时，中国是全世界文明程度最高的国家。一言以蔽之，人们对宋代的普遍印象，就是默示理性的精雅，此后历代不断地穿越回这个中国文化经典时期来寻找借鉴。[2]

---

[1]　田自秉. 中国工艺美术史. 上海：东方出版中心，1985：257.

[2]　Arts Council of Great Britain, Oriental Ceramic Society. *The Arts of the Sung Dynasty*. London: Oriental Ceramic Society, 1960: 13.

Arts Council of Great Britain，Oriental Ceramic Society. *The Arts of the Sung Dynasty*. London：Oriental Ceramic Society，1960.

Kyoto National Museum. *Special Exhibition（October 9—November 23,2010）：Transmitting Robes, Linking Minds the World of Buddhist Kasaya*. Kyoto: Kyoto National Museum, 2010.

包铭新，赵丰.中国织绣鉴赏与收藏.上海：上海书店出版社，1997.

常沙娜.中国织绣服饰全集（织染卷）.天津：天津人民美术出版社，2004.

陈炎.略论海上"丝绸之路".历史研究，1982（3）：161–177.

陈正俊.《诗经》中的植物与中国艺术思想的"自然"关系探析.苏州大学学报（工科版），2003（3）：8–10.

辞海编写组.辞海·艺术分册.上海：上海辞书出版社，1980.

福建省博物馆.福州南宋黄昇墓.北京：文物出版社，1982.

高汉玉，等.西夏陵区一〇八号墓出土的丝织品.文物，1978（8）：77–81.

谷莉.宋辽夏金装饰纹样研究.苏州：苏州大学博士学位论文，2011.

顾春华.中国古代丝绸设计素材图系·装裱锦绫卷.杭州：浙江大学出版社，2017.

顾春华.中国古书画装裱丝绸研究.上海：东华大学博士学位论文，2015.

顾苏宁.高淳花山宋墓出土丝绸服饰的初步认识.学耕文获集：南京市博物馆论文选.南
　　京：江苏人民出版社，2008：52–69.

郭廉夫，丁涛，诸葛铠.中国纹样辞典.天津：天津教育出版社，1998.

郭若虚.图画见闻志.杭州：浙江人民美术出版社，2013.

杭间.中国工艺美学史.北京：人民美术出版社，2007.

何文焕.历代诗话.北京：中华书局，2004.

黑格尔.美学（第一卷）.朱光潜，译.北京：商务印书馆，2011.

久保辉幸.宋代植物"谱录"的综合研究.北京：中国科学院自然科学史研究所博士论文，
　　2010.

雷圭元.图案漫谈，古为今用.装饰，1985（2）：2–4.

雷圭元.中国图案作法初探.上海：上海人民美术出版社，1979.

里格尔.风格问题——装饰艺术史的基础.刘景联，李薇蔓，译.邵宏，校.长沙：湖南
　　科学技术出版社，2000.

李诫.《营造法式》译解.王海燕，注译.武汉：华中科技大学出版社，2011.

李泽厚.美的历程：修订彩图版.天津：天津社会科学院出版社，2002.

李仲元.中国狮子造型源流初探.社会科学辑刊，1980（1）：108–117.

刘兴.镇江市区出土的宋代苏州陶捏像.文物，1981（3）：68–69.

龙宝章.中国莲花图案.北京：中国轻工业出版社，1993.

陆游.老学庵笔记.西安：三秦出版社，2003.

鸟丸知子.织物平纹地经浮显花技术的发生、发展和流传——日本献上博多带探源系列研究之一.上海：东华大学博士学位论文，2004.

欧几里得.几何原本.燕晓东，译.南京：江苏人民出版社，2011.

欧阳修.欧阳修全集（第三册）.李逸安，点校.北京：中华书局，2001.

濮安国，袁振洪.龙图400例.北京：轻工业出版社，1988.

钱小萍.中国传统工艺全集·丝绸织染.郑州：大象出版社，2005.

释见脉（黄淑君）.佛教三圣信仰模式研究.北京：中国社会科学院博士论文，2010.

斯塔夫里阿诺斯.全球通史.吴象婴，等译.上海：上海社会科学出版社，1988.

田自秉.中国工艺美术史.上海：东方出版中心，1985.

田自秉，吴淑生，田青.中国纹样史.北京：高等教育出版社，2003.

脱脱.宋史.天津：中华书局，1977.

汪燕翎.唐人爱花和宋人爱花——浅谈唐宋花卉纹样的流变.南京艺术学院学报（美术与设计），2003（2）：97-100，63.

王业宏.清代前期龙袍研究（1616—1766）.上海：东华大学博士学位论文，2010.

吴淑生，田自秉.中国染织史.上海：上海人民出版社，1986.

徐华铛.中国凤凰.北京：轻工业出版社，1988.

徐娟芳，张三元，董占勋.传统服饰凤纹的文化构成及其典型度.纺织学报，2013（7）：137-142.

徐雯.中国云纹装饰.南宁：广西美术出版社，2000.

闫孟祥.宋代佛教史（上册）.北京：人民出版社，2013.

严勇.古代中日丝绸文化的交流与日本织物的发展.考古与文物，2004（1）：65-72.

扬之水.奢华之色：宋元明金银器研究（卷一　宋元金银首饰）.北京：中华书局，2010.

姚远.中国传统龙纹的图像与符号学意义研究.南京：南京师范大学硕士学位论文，2006.

佚名.宣和画谱.俞剑华，标点注译.北京：人民美术出版社，2017.

袁杰英.解读涡旋纹饰.装饰，2009（4）：78-83.

袁宣萍.论我国装饰艺术中的植物纹样的发展.浙江工业大学学报（社会科学版），2005（4）：91-95.

张春佳，刘元风，郑嵘.几何分析法引出的有关文化群落的思考——以莫高窟第45、46窟壁画边饰团花为例浅谈敦煌纹样的特征识别.艺术设计研究，2016（2）：71-76.

张钫.画者的博物学：基于《宣和画谱》的考察.南京艺术学院学报（美术与设计版），2017（4）：9-13，187.

张晓霞.天赐荣华——中国古代植物装饰纹样发展史.上海：上海文化出版社，2010.

赵承泽.谈福州、金坛出土的南宋织品和当时的纺织工艺.文物，1977（7）：28-32.

赵丰.辽代丝绸.香港：沐文堂美术出版社有限公司，2004.

赵丰.中国丝绸通史.苏州：苏州大学出版社，2005.

赵丰，屈志仁.中国丝绸艺术.北京：外文出版社，2012.

浙江省博物馆.浙江瑞安北宋慧光塔出土文物.文物，1973（1）：48-57.

郑昶.中国画学全史.上海：上海书画出版社，1985.

周迪人，周旸，杨明.德安南宋周氏墓.南昌：江西人民出版社，1999.

周密.武林旧事：插图本.李小龙，赵锐评注.北京：中华书局，2007.

诸葛铠.论中国装饰艺术独立发展的基础.南京艺术学院学报（美术与设计版），2009
（6）：42-46.

邹大海.中国数学的兴起与先秦数学.石家庄：河北科学技术出版社，2001.

图序	图片名称	收藏地	来源
1	双面绣经袱	浙江省博物馆	《浙江瑞安北宋慧光塔出土》
2	小折枝花叶双面绣绢巾	南京市博物馆	本书作者拍摄
3	小折枝花叶双面绣绢巾（细部）	南京市博物馆	本书作者拍摄
4	车轮纹复杂提花罗	余姚市文物保护管理所	本书作者拍摄
5	青地菱形花纹织金锦	瑞士阿贝格基金会	《中国织绣服饰全集·织染卷》
6	绫织物上锯齿纹样复原	福建博物院	陈晓风绘制
7	墨书圆点田字纹绮长巾	南京市博物馆	本书作者拍摄
8	几何纹绫纹样复原	福建博物院	陈晓风绘制
9	神秘曲线形		本书作者绘制
10	象意字"规"的三种表达		陈晓风绘制
11	菱格朵花纹绮（局部）	黄岩博物馆	本书作者拍摄

续表

图序	图片名称	收藏地	来源
12	绫织物上双胜内填几何四瓣朵花、套菱形、"田"纹组合纹样复原	黄岩博物馆	本书作者绘制
13	绫织物上几何八花纹纹样复原	镇江博物馆	单珊珊绘制
14	双矩纹纱单衫（局部）	镇江博物馆	《中国丝绸科技艺术七千年》
15	工字纹绫残片	宁夏回族自治区博物馆	《中国丝绸科技艺术七千年》
16	簇四球路纹绫纹样复原	镇江博物馆	陈晓风绘制
17	菱格纹直缀（局部）	日本京都栗棘庵	Kyoto National Museum.
18	博多织	日本福冈县立美术馆	http://fukuoka-kenbi.jp/reading/selected/kenbi64.html
19	朱克柔缂丝作品《牡丹图册页》	辽宁省博物馆	《中国织绣服饰全集·织染卷》
20	牡丹纹提花纱	镇江博物馆	本书作者拍摄
21	牡丹纹花纱	福建博物院	《中国织绣服饰全集·织染卷》
22	花边上彩绘荷萍鱼石鹭鸶纹花边（局部）线描纹样复原	福建博物院	骆春杉绘制
23	重莲团花纹锦	故宫博物院	《中国丝绸科技艺术七千年》
24	束莲纹罗地彩绣（局部）	迈克尔·弗朗斯（Michael Franses）收藏	《辽代丝绸》

图序	图片名称	收藏地	来源
25	圆芯朵梅纹印花裙（局部）	福建博物院	本书作者拍摄
26	空心朵梅纹异向绫	武义县博物馆	本书作者拍摄
27	枝梅纹印花绢（枝梅纹印痕一）	南京市博物馆	本书作者拍摄
28	枝梅纹印花绢（枝梅纹印痕二）	南京市博物馆	本书作者拍摄
29	枝梅纹印花绢（枝梅纹印痕三）	南京市博物馆	本书作者拍摄
30	枝梅纹印花绢（枝梅纹印痕四）	南京市博物馆	本书作者拍摄
31	泥金团龙纹罗（局部）	南京市博物馆	本书作者拍摄
32	墨书对折枝菊花纹纱	南京市博物馆	本书作者拍摄
33	墨书对折枝菊花纹纱纹样复原	南京市博物馆	徐玲玉绘制
34	墨书对折枝菊花纹纱纹样单元	南京市博物馆	本书作者绘制
35	九条袈裟（局部）	日本京都正法寺	Kyoto National Museum
36	涡旋卷草纹花纱（局部）	余姚市文物保护管理所	本书作者拍摄
37	松竹梅纹（局部）纹样复原	福建博物院	骆春杉绘制
38	松竹梅绮	中国丝绸博物馆	中国丝绸博物馆

续表

图序	图片名称	收藏地	来源
39	松竹梅绮上长安竹纹（局部）纹样复原	中国丝绸博物馆	中国丝绸博物馆
40	牡丹芙蓉梅花纹花纱（局部）	福建博物院	《中国织绣服饰全集·织染卷》
41	牡丹花心织莲纹提花纱	福建博物院	《福州南宋黄昇墓》
42	芙蓉叶内织梅纹提花纱	福建博物院	《中国丝绸通史》
43	古铜色罗绣花佩绶（局部）	福建博物院	《中国丝绸通史》
44	古铜色罗绣花佩绶（局部）纹样复原	福建博物院	沈国钰绘制
45	印花彩绘芙蓉人物纹花边（局部）	福建博物院	《中国丝绸通史》
46	印花彩绘芙蓉人物纹花边（局部）纹样复原	福建博物院	沈国钰绘制
47	褐色芙蓉花罗夹衣花卉纹印花花边（局部）	福建博物院	《中国丝绸通史》
48	褐色芙蓉花罗夹衣花卉纹印花花边（局部）纹样复原	福建博物院	孙浩杰绘制
49	蝶恋芍药纹印花花边（局部）	福建博物院	《中国丝绸通史》
50	蝶恋芍药纹印花花边（局部）纹样复原	福建博物院	沈泓铭绘制
51	镂空刷印卷草纹花边（局部）	福建博物院	《中国丝绸通史》

图序	图片名称	收藏地	来源
52	镂空刷印卷草纹花边（局部）纹样复原	福建博物院	沈泓铭绘制
53	交领重莲纹花纱袍	黄岩博物馆	《丝府宋韵——黄岩南宋赵伯沄墓出土服饰展》
54	交领重莲纹花纱袍（局部）	黄岩博物馆	《丝府宋韵——黄岩南宋赵伯沄墓出土服饰展》
55	交领重莲纹花纱袍纹样复原	黄岩博物馆	中国丝绸博物馆
56	缠枝葡萄纹绫织物（局部）	黄岩博物馆	本书作者拍摄
57	婴童缠枝花果纹绫残片	美国大都会艺术博物馆	《中国丝绸通史》
58	花卉纹绫（局部）	余姚市文物保护管理所	本书作者拍摄
59	花卉纹二经绞提花纱（局部）	南京市博物馆	本书作者拍摄
60	花卉纹三经绞提花纱（局部）	余姚市文物保护管理所	本书作者拍摄
61	花卉纹提花罗（局部）	余姚市文物保护管理所	本书作者拍摄
62	二经绞地平纹提花纱组织结构局部示意		本书作者绘制
63	一顺绞二经绞地浮纬提花纱组织结构局部示意		本书作者绘制
64	对称绞二经绞地浮纬提花纱组织结构局部示意		本书作者绘制

续表

图序	图片名称	收藏地	来源
65	三经绞地平纹提花纱组织结构局部示意		本书作者绘制
66	三经绞地斜纹提花纱组织结构局部示意		本书作者绘制
67	三经绞地隐纹提花纱组织结构局部示意		本书作者绘制
68	花卉纹提花罗组织结构（细部）	余姚市文物保护管理所	本书作者拍摄
69	四经绞和二经绞互为花地提花罗组织结构局部示意		本书作者绘制
70	牡丹花纱背心（三经绞斜纹花纱）	福建博物院	《福州南宋黄昇墓》
71	柿蒂花绫（局部）	南京市博物馆	本书作者拍摄
72	柿蒂花绫（局部）纹样复原	南京市博物馆	徐玲玉绘制
73	缠枝花卉纹花绫（局部）	余姚市文物保护管理所	本书作者拍摄
74	折枝花绫（局部）	中国丝绸博物馆	中国丝绸博物馆
75	折枝花绫（局部）纹样复原	中国丝绸博物馆	沈国钰绘制
76	纱织物上小折枝花（明折枝）纹样复原	余姚市文物保护管理所	陈东娇绘制
77	纱织物上小折枝花（藏折枝）纹样复原	余姚市文物保护管理所	陈东娇绘制

图序	图片名称	收藏地	来源
78	鸾鹊缠枝叶纹纱罗裙	中国丝绸博物馆	中国丝绸博物馆
79	鸾鹊缠枝叶纹纱罗裙纹样（细部）	中国丝绸博物馆	中国丝绸博物馆
80	金地缂丝鸾鹊（局部）	美国大都会博物馆	www.metmuseum.org/art/collection/search/39728
81	蓝地对鹿纹锦	中国丝绸博物馆	*Musée des Arts Asiatiques, Musée national de la Soie.Du Ciel à la Terre.*
82	"富"字狮子戏珠藤花绫（局部）	湖南省博物馆	《浅谈衡阳县何家皂北宋墓纺织品》
83	缂丝《狮嬉图》	不祥	《中国织绣鉴赏与收藏》
84	狮子戏球花边纹样复原	福建博物院	《福州南宋黄昇墓》
85	双虎纹印花绢	福建博物院	《福州南宋黄昇墓》
86	双蝶恋菊纹绫（局部）	黄岩博物馆	《丝府宋韵——黄岩南宋赵伯沄墓出土服饰展》
87	泥金小团龙纹罗	南京市博物馆	本书作者拍摄
88	泥金小团龙纹罗纹样复原	南京市博物馆	苏淼绘制
89	泥金团龙纹罗	南京市博物馆	本书作者拍摄
90	泥金团龙纹罗团龙纹（细部）	南京市博物馆	本书作者拍摄
91	《宋孝宗诗贴》	台北故宫博物院	《文艺绍兴：南宋艺术与文化书画卷》

续表

图序	图片名称	收藏地	来源
92	《宋孝宗诗贴》册页云凤鸟纹绫纹样复原	台北故宫博物院	顾春华绘制
93	鸾凤花边纹样复原（局部）	福建博物院	骆春杉绘制
94	鸾凤花边纹样复原中的凤形象	福建博物院	骆春杉绘制
95	婴童缠枝花果纹绫（局部）纹样复原	美国大都会艺术博物馆	孙浩杰绘制
96	牡丹葵花莲童绫残片	湖南省博物馆	《中国丝绸通史》
97	手绘石榴童子罗带	美国大都会艺术博物馆	《辽代丝绸》
98	描金折枝花纹与球路流苏纹罗	南京市博物馆	本书作者拍摄
99	描金折枝花纹与球路流苏纹罗描金球路流苏纹（细部）	南京市博物馆	本书作者拍摄
100	纱织物上缠枝山茶璎珞纹纹样复原	德安博物馆	骆春杉绘制
101	绫织物上花卉璎珞纹纹样复原	德安博物馆	骆春杉绘制
102	梅花璎珞纹绫（局部）	福建博物院	《福州南宋黄昇墓》
103	彩绘蝶恋芍药花边（璎珞纹一）线描纹样复原	福建博物院	骆春杉绘制

图序	图片名称	收藏地	来源
104	彩绘蝶恋芍药花边（璎珞纹二）线描纹样复原	福建博物院	骆春杉绘制
105	彩绘芍药璎珞纹花边（璎珞纹一）线描纹样复原	福建博物院	骆春杉绘制
106	彩绘芍药璎珞纹花边（璎珞纹二）线描纹样复原	福建博物院	骆春杉绘制
107	如意山茶纹提花纱残片	中国丝绸博物馆	中国丝绸博物馆
108	花卉方胜如意提花绋	黄岩博物馆	本书作者拍摄
109	绮织物上四合如意"米"字纹（局部）纹样复原	福建博物院	《福州南宋黄昇墓》
110	罗织物上四合如意（局部）纹样复原	福建博物院	《福州南宋黄昇墓》
111	泥金团龙纹罗（局部）	南京市博物馆	本书作者拍摄
112	如意云纹花罗残片（局部）	余姚市文物保护管理所	本书作者拍摄
113	"永如松竹"双面刺绣绢巾	南京市博物馆	本书作者拍摄
114	"永如松竹"双面刺绣绢巾纹样复原	南京市博物馆	苏淼绘制
115	泥金小团龙纹罗上的"千秋万岁"团花纹样复原	南京市博物馆	苏淼绘制

续表

图序	图片名称	收藏地	来源
116	杜牧《赠终南兰若僧》诗文双面刺绣绢巾	南京市博物馆	本书作者拍摄
117	吴注本《蚕织图》"挽花"中的小花楼织机	黑龙江省博物馆	《中国丝绸通史》

注：

1. 正文中的文物或其复原图片，图注一般包含文物名称，并说明文物所属时期和文物出土地/发现地信息。部分图注可能含有更为详细的说明文字。

2. "图片来源"表中的"图序"和"图片名称"与正文中的图序和图片名称对应，不包含正文图注中的说明文字。

3. "图片来源"表中的"收藏地"为正文中的文物或其复原图片对应的文物收藏地。

4. "图片来源"表中的"来源"指图片的出处，如出自图书或文章，则只写其标题，具体信息见"参考文献"；如出自机构，则写出机构名称。

5. 本作品中文物图片版权归各收藏机构/个人所有；复原图根据文物图绘制而成，如无特殊说明，则版权归绘图者所有。

　　《中国历代丝绸艺术·宋代》的出版，对我而言是一种小小的幸运。关注宋代丝绸艺术十年，我终于有一点心得与大家分享；欣慰之余更有忐忑，因为自己的研究道路才刚开始，收获还不够丰富，想法也不够深入。

　　几年前，中国丝绸博物馆副研究馆员、我的同门师姐徐铮博士和我合著了《中国古代丝绸设计素材图系·辽宋卷》，该书已于2018年5月由浙江大学出版社出版。在写作该书的过程中，我也在"中国历代丝绸艺术丛书"的总主编、我的恩师赵丰教授的指引下，逐步完成了2007—2016年间考古新发现的宋代丝绸文物的基础研究工作，为本书积累了重要素材，使得更集中地再现宋朝统治区内的丝绸艺术成为可能。聚焦于两宋丝绸艺术的研究不似聚焦于汉唐、明清等时期丝绸艺术的研究热门，这在一定程度上是由于一度缺乏考古实物，以往科研工作难成体系。最近十多年来接连有宋代丝绸考古的新发现，这些发现对于宋代丝绸研究而言有如雪中送炭。因为南方地区潮湿的环境，大部分我所接触的宋代丝绸文物保存状况欠佳，但在诸多良师益友的无私帮助下，我在长达近十年的时间里克服重重困难，尽量让这些已经支离破碎、黯然失色的丝绸残片恢复了盛年风采，重现雅致宋韵。

本书的出版，首先要感谢赵丰教授为本书规划主题并且创造出版条件。赵丰教授是我的恩师，他不仅循循善诱地引领我探索丝绸艺术的瑰丽世界，而且在我的人生道路上对我指导良多。回顾自己的成长历程，不禁感慨毕业更知导师恩！

我还要衷心感谢中国丝绸博物馆周旸、汪自强、罗群、王淑娟、徐铮、龙博、刘剑、郑海英、杨海亮、杨汝林等，感谢东华大学王乐、李甍等，感谢浙江理工大学苏淼、鲁佳亮等，浙江省文物考古研究所郑嘉励。感谢我所在单位浙江理工大学，我所工作的科研基地——丝绸文化传承与产品设计数字化技术文化和旅游部重点实验室、浙江理工大学浙江省丝绸与时尚文化研究中心，以及我所在的浙江理工大学服装服饰文化创新团队，为我的每一项成果提供了有力保障。为了更好地展示纹样复原效果，浙江理工大学本科生骆春杉（图22、图37、图93、图94、图100、图101、图103、图104、图105、图106绘者）、沈国钰（图44、图46、图75绘者）、陈东娇（图76、图77绘者）、沈泓铭（图50、图52绘者）、孙浩杰（图48、图95绘者），研究生陈晓风（图6、图8、图10、图16绘者）、徐玲玉（图33、图72绘者）、单珊珊（图13绘者）协助我参与部分绘图工作；几年过去了，大多数同学已走上工作岗位，他们对专业学习持续的热爱与投入对我也是一种鞭策。

特别感谢浙江大学出版社及编辑田慧老师，田老师敬业专注且耐心温和，帮助我这名新手著者顺利地使文稿蝶变为图书。

　　最后，恳请各位同仁和读者批评指正，也真诚地希望能有更多艺术工作者和传统文化爱好者关注宋代丝绸，关注宋代时尚。让我们一道去寻觅那"旧时相识"的"点点滴滴"！

蔡　欣

2020 年 8 月于杭州

图书在版编目（CIP）数据

中国历代丝绸艺术. 宋代 / 赵丰总主编；蔡欣著. —
杭州：浙江大学出版社，2020.12（2022.6重印）
ISBN 978-7-308-20614-3

Ⅰ．①中… Ⅱ．①赵… ②蔡… Ⅲ．①丝绸—文化史—
中国—宋代 Ⅳ．①TS14-092

中国版本图书馆CIP数据核字（2020）第180571号

本作品中文物图片版权归各收藏机构/个人所有；复原图
根据文物图绘制而成，如无特殊说明，则版权归绘图者所有。

中国历代丝绸艺术·宋代

赵 丰 总主编 蔡 欣 著

丛书策划	张 琛
丛书主持	包灵灵
责任编辑	田 慧
责任校对	徐 旸
封面设计	程 晨
出版发行	浙江大学出版社
	（杭州市天目山路148号 邮政编码 310007）
	（网址：http://www.zjupress.com）
排 版	杭州林智广告有限公司
印 刷	浙江影天印业有限公司
开 本	889mm×1194mm 1/24
印 张	7
字 数	120千
版 印 次	2020年12月第1版 2022年6月第2次印刷
书 号	ISBN 978-7-308-20614-3
定 价	88.00元

版权所有 翻印必究 印装差错 负责调换

浙江大学出版社市场运营中心联系方式：0571-88925591；http://zjdxcbs.tmall.com